桜井進
（サイエンスナビゲーター）

子どもの算数力は親の教え方が9割

PHP

はじめに

算数が得意な子にしたい——。

子どもにそのように願う方は多いでしょう。「桜井先生、そのためにはどうすればよいのでしょうか」と尋ねられることが多々あります。そのような不安を親が抱くのも、裏を返せば「私も学生の頃にもっと算数をしっかりやっておけばよかった」という後悔、「子どもからの算数に関する質問にうまく答えてあげられないかもしれない」という不安のあらわれでもあると思います。

算数を苦手に感じ、好きじゃないと思い込んでいる子が少なくないのが現実です。

親も子もどうしていいか分からない……という状況ではないでしょうか。

算数・数学の歴史や数学者の人間ドラマ、日常にひそむ数や形の神秘——。

私はこのような数の世界の驚きと感動を伝えたいという想いから、日本初のサイエンスナビゲーターとして講演活動を始めました。

「算数が面白いことに気づいた！」

「苦手な算数が好きになった！」

「感動して涙があふれた……」

など、まさに“観る人の世界観を変える”と多くの方に好評をいただいております。

エキサイティング・ライブショーを通じて、私は多くの人々に出会います。算数を習い始めた子どもたち。進路に悩む中高生、大学生。現場で算数・数学の魅力を伝えようと試行錯誤されている先生。年齢や職業に関係なく、皆が私のショーに夢中になって楽しんでくれています。

私はこうした人々の姿を目にするたびに、「人間には算数・数学を美しいと感じる心（数覚）がある！」と確信します。**算数をもともと嫌いな子なんていない、算数の面白さを心に訴えかけることができれば、きっと興味を抱くはずだ、と。**

子どもは素直です。ショーの途中、一瞬で目の色が変わるのを私は何度も見てきました。算数に対してマイナスイメージを抱いている子は、まだ算数の面白さに気づいていないだけなのです。

その面白さに気づくには、どうしたらいいのでしょうか。

それはまず、算数が日常にひそんでいることを発見することから始まります。その発見が驚きとなり、驚きが興味へと変わり、そして最後には「算数を感じる心」を育てることにつながるのです。

そのために、私が心がけていることは３つあります。

①身近にある算数を一緒に見つけること。

②算数・数学の本に触れさせること。

③思考ゲームや数理パズルなどに挑戦してみること。

これらの共通点は「数のリアリティ（実感)」を感じることです。その子の中に「数は生活の中にひそんでいる」というリアリティが生まれれば、算数はがぜん輝きを放ち「算数を感じる心」が磨かれていきます。

さぁ、ここで親の出番です！

子どもに「数のリアリティ」を持たせるために身近にひそむ数の世界を示し、算数の面白さを親子で共有すること。「親が子どもに算数を教える」ことは、何も「親が学校の先生のように教える」ということではありません。先に挙げた３つの心がけを生活の中で実践してあげればいいのです。

ここまで聞くと、親であるあなたは不安に思うかもしれません。「それでは、私は一体どうすればいいのだろう」と。「算数は何の役に立つのだろう？」「算数の面白さってなんだろう？」「数は生活の中のどこにひそんでいるのだろう？」

……。そんなこと考えたこともなかった、というのが本音ではないでしょうか。

心配には及びません、その答は本書に載っています。

そして、すばらしいことに、数のリアリティを子どもに伝えるチャンスはあなたの普段の生活の中に溢れています。

ケーキを切り分けるときには「分数」や「体積」、スーパーで買い物するときには「単位量あたりの大きさ」や「割合」、野球の試合観戦では「割合」や「場合の数」、ドライブのときには「単位量あたりの大きさ」「道のり、速さ、時間」……。

私たちが生活の風景を振り返って、「あれもこれも算数なんだ」と気づくこと。そしてそれを子どもに伝え、共有することが大切なのです。子どもは素直で好奇心旺盛です。「世界は数学でできている」という事実に触れたとき、子どもは算数に感動し興味を抱きます。算数を好きになるきっかけは身近なところにたくさんあるのです。

本書では特に①に重点を置き、「身近にあるものや出来事を関連づけながら、要点とともに算数の基礎を固める」というテーマのもとに構成されています。公式や計算のルールといった要点を簡潔に押さえながら、日常にひそむ数や図形の世界を知ることができます。

「どうして０でわってはいけないの？」「分数のわり算はどうしてひっくり返すの？」「２けたのかけ算をもっと速く計算するには？」「単位量ってなに？　役に立つの？」……。

こうした疑問を本書で解決していくうちに、算数は自分の身近にたくさん存在し、もはや切っても切れない関係にあることに気づき始めることでしょう。

「身近にひそむ算数」、それは「数のリアリティ（実感）」とも言えます。

私が大切にしていること、そして皆さんに伝えたいと思っていることは、学校教育から抜け落ちている部分――「数のリアリティ」を感じて欲しいということです。このリアリティは一生の宝物になることでしょう。子どもと「数のリアリティ」について、ともに考えたり話し合ってみてください。

本書がその一助となり、算数を面白いと感じてくれるきっかけとなるならば、これほどの歓びはありません。

数学ってどこからきたんだろう？

歴史をふりかえるとき、数学の居場所は見えてくる

人はなぜ数学をするのだろう？

はじめに心あり

計算とは旅

イコールというレールを数式という列車が走る

旅人には、夢がある

ロマンを追い求める果てしない計算の旅

まだ見ぬ風景を探しに、今日も旅は続く

サイエンスナビゲーター　桜井 進

付記：ちなみに②に関しては拙著『面白くて眠れなくなる数学』シリーズがおすすめです。身近にひそむ算数・数学や、数学者の偉人伝、公式の生まれた背景など、バラエティに富む内容が収められています。
③に関しては拙著『面白くて眠れなくなる数学パズル』で、古今東西の良問や図形問題、論理パズル、和算・インド式計算など、多岐にわたる数学クイズやパズルを紹介しています。

Part 2 図形

Part 3 数量

本書の使い方

本書は以下の流れで小学校の算数で習う単元をまとめています。
最初から始めても良いですし、苦手な分野を集中的に進めても良いでしょう。

タイトル
学ぶ内容です。

公式、ルールなど
公式やルール、性質など基礎となる項目をまとめてあります。
例題に対応しているので、公式を実際にどのように使うのかを学べます。

ポイント
この単元の重要ポイントや公式をひと目で分かるようにまとめてあります。

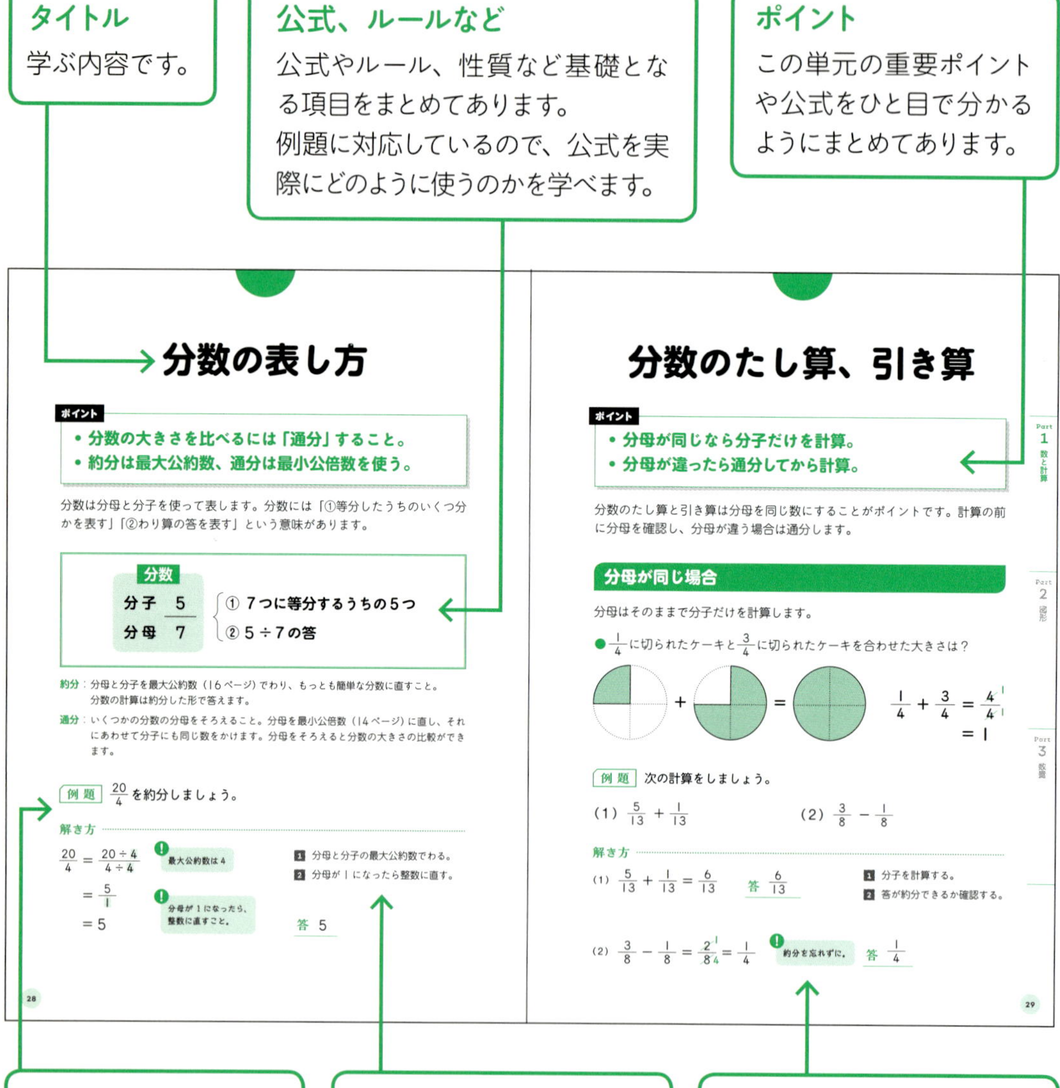

分数の表し方

ポイント
- 分数の大きさを比べるには「通分」すること。
- 約分は最大公約数、通分は最小公倍数を使う。

分数は分母と分子を使って表します。分数には「①等分したうちのいくつ分かを表す」「②わり算の答を表す」という意味があります。

分数
分子 5
分母 7
① 7つに等分するうちの5つ
② 5÷7の答

約分：分母と分子を最大公約数（16ページ）でわり、もっとも簡単な分数に直すこと。分数の計算は約分した形で答えます。

通分：いくつかの分数の分母をそろえること。分母を最小公倍数（14ページ）に直し、それにあわせて分子にも同じ数をかけます。分母をそろえると分数の大きさの比較ができます。

例題 $\frac{20}{4}$ を約分しましょう。

解き方

$\frac{20}{4}=\frac{20\div4}{4\div4}$
$=\frac{5}{1}$
$=5$

最大公約数は4
分母が1になったら、整数に直すこと。

1 分母と分子の最大公約数でわる。
2 分母が1になったら整数に直す。

答 5

28

分数のたし算、引き算

ポイント
- 分母が同じなら分子だけを計算。
- 分母が違ったら通分してから計算。

分数のたし算と引き算は分母を同じ数にすることがポイントです。計算の前に分母を確認し、分母が違う場合は通分します。

分母が同じ場合

分母はそのままで分子だけを計算します。

● $\frac{1}{4}$に切られたケーキと$\frac{3}{4}$に切られたケーキを合わせた大きさは？

$\frac{1}{4}+\frac{3}{4}=\frac{4}{4}=1$

例題 次の計算をしましょう。

(1) $\frac{5}{13}+\frac{1}{13}$　(2) $\frac{3}{8}-\frac{1}{8}$

解き方

(1) $\frac{5}{13}+\frac{1}{13}=\frac{6}{13}$　答 $\frac{6}{13}$

1 分子を計算する。
2 答が約分できるか確認する。

(2) $\frac{3}{8}-\frac{1}{8}=\frac{2}{8}=\frac{1}{4}$　約分を忘れずに。　答 $\frac{1}{4}$

29

例題、解き方
この単元の理解を深めるための問題とその解き方を示しています。

解き方の説明
順序が示してあるので、論理立てて解く方法が身に付きます。
また、どのステップで間違えたのかがわかりやすくなります。

❗マーク
問題を解く際の注意点や、解き方のコツや補足を示してあります。
「なぜこうなるのか」という理解を深めることができます。

Part 1 数と計算

子どもにとって第一の関門は分数の四則演算です。ここでつまずくと「算数が苦手」という印象を持ってしまいますから、早めに対処するようにしましょう。どうしたら分数への苦手意識が薄れ、興味を抱いてくれるのでしょうか。

まずは「分数は私たちが日常的に使っている数の１つ」ということを子どもに語りかけてください。

例えば家族４人でケーキを切り分けるとき。子どもたちは「１個のケーキを家族４人で平等に分け合ったときの１人分の量」がどのようになるのかを真剣に見つめているはずです。さぁ、ここで分数の登場です。「これが$\frac{1}{4}$という数のことだよ」と教えてあげれば、一気に分数に親しみを抱くことでしょう。

たった一度でも「分数は身近な数なんだ！」という実経験があれば、もし途中で挫折しそうになっても、根気強く計算に立ち向かうことができます。ジュースを分けるとき、お菓子を配るとき。さまざまなシーンで分数を登場させてあげてください。

整数の表し方

ポイント

・4けたごとに呼び方が変わり、
一、十、百、千がくり返される。

7世紀ごろ、インド人は「その位に何もない」という意味の「空位の0」を生み出し、それによって計算がラクに行えるようになりました。10をかけると（10倍すると）、位は1つ上がります（表では1つ左にずれます）。10でわると、位は1つ下がります（表では1つ右にずれます）。

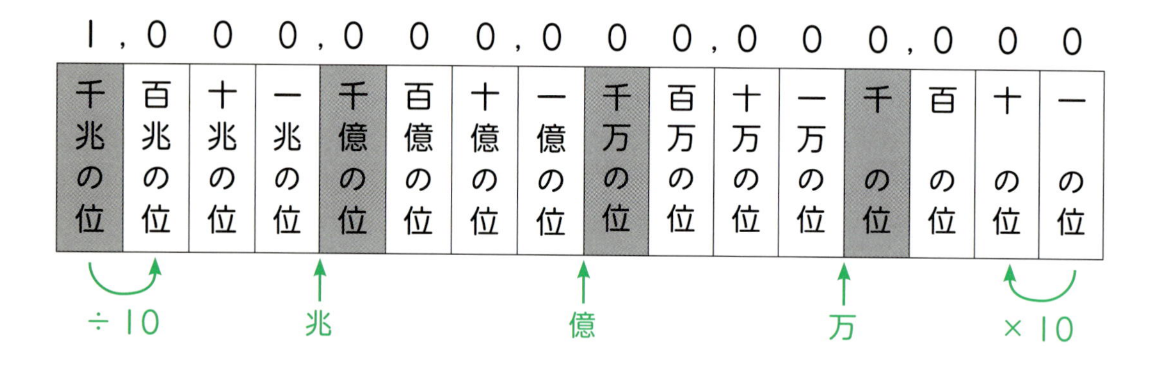

例題 次の数を数字で書きましょう。

五千二十兆七百七十八億三十六万九千五百十四

解き方

五千二十兆七百七十八億三十六万九千五百十四

1 兆、億、万に注目する。

2 漢数字が無い場合は「0」を入れる。

! 「兆」「億」「万」などの位で区切って考える。

答 5020077800369514

四捨五入とがい数

ポイント

- **およその数（がい数）は四捨五入で求める。**
- **「〜の位まで」「上から〜けたの」とあれば、その１つ下の位を四捨五入する。**

テレビのニュースなどで「約○○○人」「およそ○○個」のように「約」「およそ」がついた数をよく見かけます。正確な数がわからない場合やだいたいの数を示す場合は、こうしたおよその数（がい数）が使われます。がい数を用いた計算は、数の目安を立てるときに便利です。

四捨五入

0、1、2、3、4 → **切り捨て**：0にする。

5、6、7、8、9 → **切り上げ**：0にして上の位の数を１増やす。

19 20 21 22 23 24 25 26 27 28 29 30

切り捨て 約20　**切り上げ** 約30

例題 7128を千の位までのがい数にしましょう。

解き方

答 約7000

1. 「千の位まで」とあるので、百の位の数字１を四捨五入すると０。
2. 128を切り捨てて000にする。
3. 数字の前に「約」をつける。

倍数と公倍数

ポイント

- **最小公倍数を求めるときは、大きいほうの数の倍数から確認する。**
- **公倍数を求めるときは、最小公倍数の倍数から求める。**

6を2でわると3になります。このように「6」という数が「2」でわりきれるとき、「6は2の倍数である」といいます。倍数は無数にあります。また、どのような数に0をかけても答は0になりますが、算数の世界では0は倍数には入れません。

倍　　数：●という数が▲でわりきれるとき「●は▲の倍数」といいます。
　例）2の倍数　2 (2×1)、4 (2×2)、6 (2×3)、……
　例）3の倍数　3 (3×1)、6 (3×2)、9 (3×3)、……

公 倍 数：2つ以上の整数に共通な倍数。公倍数は最小公倍数の倍数です。
　例）2と3の公倍数　6、12、18、……

最小公倍数：公倍数のうちで、もっとも小さい公倍数。
　例）2と3の最小公倍数　6

例題　8、12の最小公倍数を求めましょう。

解き方

8、12の中で大きいほうの数は12。

12の倍数：12、24、36、48、60、72、……

12の倍数の中で8でわりきれるのは

8と12の公倍数：24、48、72……（2倍、3倍）

答　24

1 大きいほうの数の倍数を確認する。

2 その中から、小さいほうの数でわりきれる数を探す。

例題 4、6、14の公倍数を小さいほうから順に3つ求めましょう。

解き方

4、6、14の中でもっとも大きい数は14。

14の倍数：14、28、42、56、70、84、……

14の倍数の中で6でわりきれるのは

6と14の公倍数：42、84、……

6と14の公倍数の中で4でわりきれるのは

4、6、14の公倍数：84、……

よって84の倍数は小さいほうから

84の倍数：84、168、252、……

1 3つ以上の数の場合も、大きい数から順番に確認する。

2 同様に小さいほうの数でわりきれる数を探す。

3 最小公倍数から公倍数を求める。

答 84、168、252

例題 アラームAは16分に1回、アラームBは12分に1回鳴ります。この2つのアラームが同時に鳴るのは何分ごとですか。

解き方

16と12の最小公倍数を探す。

16の倍数：16、32、48、64、80、96、……

16の倍数の中で12でわりきれるのは

12と16の公倍数：48、96、……

よって16と12の最小公倍数は48。

答 48分ごと

約数と公約数

ポイント

- **約数は大きい数・小さい数の両側から調べていく。**
- **最大公約数を求めるときは、小さいほうの数の約数から求める。**

8をわりきることができる数（1、2、4、8）を「8の約数」といいます。最小公倍数や最大公約数は「分数」（28ページ〜）を理解するときに大変重要になります。

約　　数：ある整数をわりきることができる数。1とその数自身は約数に入ります。
例）8の約数　1、2、4、8
例）16の約数　1、2、4、8、16

公 約 数：2つ以上の整数に共通な約数。
例）8と16の公約数　1、2、4、8

最大公約数：公約数のうちで、もっとも大きい公約数。
例）8と16の最大公約数　8

例題　18の約数を求めましょう。

解き方

18の約数は1から18の間にある。

小さい数から調べると……

18÷2＝9
18÷3＝6
~~18÷4＝4あまり2~~
~~18÷5＝3あまり3~~

大きい数から調べると……

18÷9＝2
~~18÷8＝2あまり2~~
~~18÷7＝2あまり4~~
18÷6＝3

18の約数：1、2、3、6、9、18

答　1、2、3、6、9、18

1　1とその数自身でわった数が一番はじの約数。約数はすべてこの数の間にある。

2　その間の約数を小さい数、大きい数の両側から順に確認する。

例題 20、32、48の最大公約数を求めましょう。

解き方

20、32、48の中でもっとも小さい数は20。

20の約数：1、2、4、5、10、20

約数を調べるのは、小さい数のほうが簡単！

20の約数の中で32、48でわりきれるのは

20と32の公約数：	20と48の公約数：
$32 \div 4 = 8$	$48 \div 4 = 12$
$32 \div 2 = 16$	$48 \div 2 = 24$
$32 \div 1 = 32$	$48 \div 1 = 48$

20、32、48の公約数は1、2、4。

1 もっとも小さい数の約数を見つける。

2 1の約数の大きいほうから、わりきれるか確認する。

3 公約数を見つける。最大公約数はその中で最大の公約数。

答 4

例題 36cmと45cmのフランスパンを同じ長さに切り分けます。ただし、あまりが出ないように、かつもっとも長く切り分けるには何cmの長さに切り分ければいいでしょうか。

解き方

36と45の最大公約数を探す。

36の約数：1、2、3、4、6、9、12、18、36

「あまりが出ないように」はあまり＝0（わりきれる）ということ。

36の約数の中で45でわりきれるのは

36と45の公約数：1、3、9

よって36と45の最大公約数は9。

答 9cmの長さに切る

連除法

「連除法」を用いて最大公約数と最小公倍数を求めるやりかたもあります。一度に複数の数を調べることができるうえミスも防げるので、とても便利な方法です。

例題 24、48、60の（1）最大公約数 と （2）最小公倍数 を求めましょう。

解き方

（1）

1

```
2 ) 24  48  60
2 ) 12  24  30
3 )  6  12  15
     2   4   5
```

2 $2 \times 2 \times 3 = 12$

〈連除法：最大公約数の求め方〉

1 共通にわれる整数でわっていく。われなくなったら終わり。

2 はじの数だけをかけると、最大公約数になる。

答 最大公約数は 12

（2）

1

```
2 ) 24  48  60
2 ) 12  24  30
3 )  6  12  15
2 )  2   4   5
     1   2   5
```

2 2、4はまだ2でわれる。

3 $2 \times 2 \times 3 \times 2 \times 1 \times 2 \times 5 = 240$

〈連除法：最小公倍数の求め方〉

1 共通にわれる整数でわっていく。

2 2つ以上の数でわれる整数があれば、さらにわる。

3 すべての数をかけると、最小公倍数になる。

答 最小公倍数は 240

小数の表し方

ポイント

- **0.1 は 1 を 10 等分した数（位が 1 けた下がる＝ $\frac{1}{10}$ 倍）。**
- **1 は 0.1 を 10 倍した数（位が 1 けた上がる＝ 10 倍）。**

「小数点」は今から 400 年前、大航海時代に考え出されました。天文学者や貿易商人の悩みを解決する画期的発明でした。小数は 1 より小さい数を表し、1 を 10 等分した数が 0.1、100 等分した数が 0.01 です。私たちの身の回りでは体重計や体温計、くつのサイズなどで小数が使われており、細かく正確な値を知ることができます。

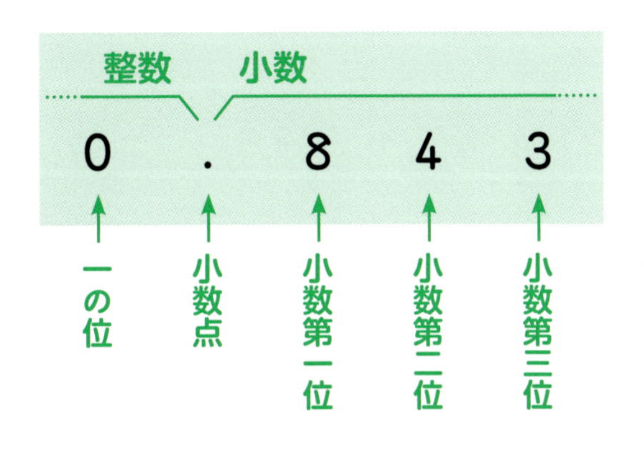

0.843 は 0.1 が 8 つ、
0.01 が 4 つ、
0.001 が 3 つ
集まった数です。

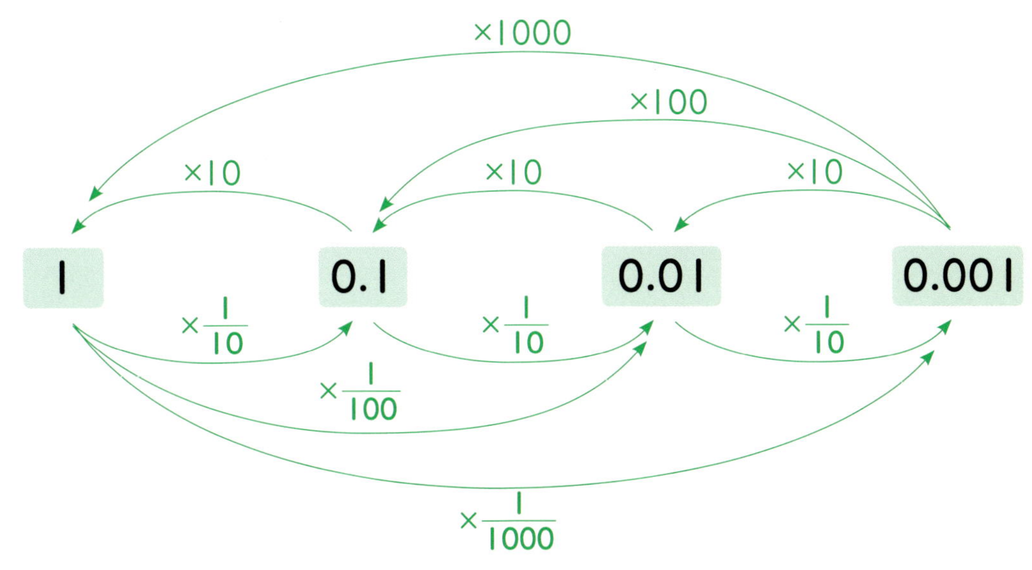

小数のたし算、引き算

ポイント

- **筆算をするときは小数点の位置をそろえる。**

小数のたし算と引き算は小数点の位置をそろえて筆算します。それ以外の計算の方法は整数の場合と同じです。

たし算

例題 次の計算を筆算でしましょう。

(1) 2.3 + 0.51　　(2) 4.47 + 3.93

解き方

(1)

```
    2.3 0
+   0.5 1
---------
    2.8 1
```

! 数字がない位は0と考える。
2.3 = 2.30

1 小数点の位置をそろえて、計算する。

2 答の小数点はそのままおろしてくる。

答 2.81

(2)

```
    4.4 7
+   3.9 3
---------
    8.4 0
```

! 最後が0の場合は答に0を書かない。

答 8.4

引き算

例題 次の計算を筆算でしましょう。

(1) $6.08 - 0.18$　　(2) $3.2 - 2.69$

(3) $15.9 - 10.84$　　(4) $0.721 - 0.096$

解き方

※計算の方法はたし算と同じです。

(1)

$$\begin{array}{r} 6.08 \\ -\ 0.18 \\ \hline 5.90 \end{array}$$

（5.90の末尾の0は斜線で消す）

答 5.9

(2)

$$\begin{array}{r} 3.20 \\ -\ 2.69 \\ \hline 0.51 \end{array}$$

一の位の0を忘れないこと。

答 0.51

(3)

$$\begin{array}{r} 15.90 \\ -\ 10.84 \\ \hline 5.06 \end{array}$$

答 5.06

(4)

$$\begin{array}{r} 0.721 \\ -\ 0.096 \\ \hline 0.625 \end{array}$$

答 0.625

小数のかけ算

ポイント

- **積の小数点以下のけた数（小数点の位置）は、2数の「小数点以下のけた数の和」に等しい。**

整数のかけ算と同じように計算したら、2数（かけられる数とかける数）の小数点以下のけた数の和だけ小数点を左にずらします。

例）式の場合：27.6 × 4.6 ＝ 126.96

筆算の場合：

```
    2 7.6
×     4.6
─────────
1 2 6.9 6
```

! 小数点以下のけた数の和は 1 + 1 = 2。左に2けたずらす。

小数×整数

例題 3.27 × 6 を筆算で計算しましょう。

解き方

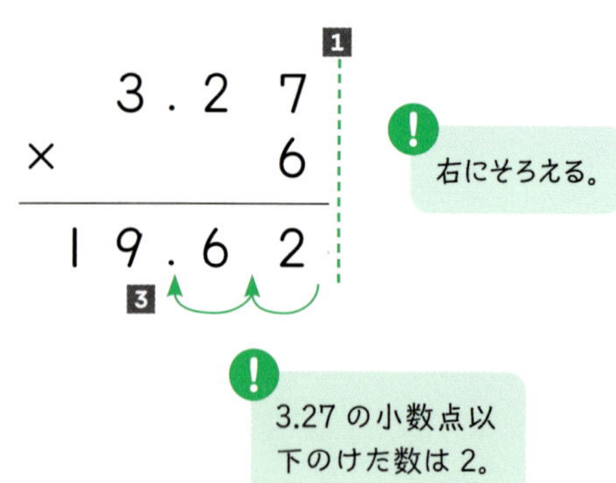

3 . 2 7
× 6
1 9 . 6 2
右にそろえる。
3.27 の小数点以下のけた数は 2。

1. たし算・引き算と違って、右にそろえる。小数点の位置ではない。
2. 整数の場合と同じように計算する。
3. 2数の小数点以下のけた数の和を求め、積の小数点はその分だけ左にずらしてうつ。

答 19.62

小数×小数

例題 次の計算を筆算でしましょう。

(1) 6.09 × 14.8　　(2) 2.15 × 0.36

(3) 0.43 × 0.19

解き方

※計算の方法は小数×整数と同じです。

(1)

```
      6.0 9
  ×   1 4.8
  ---------
    4 8 7 2
  2 4 3 6
  6 0 9
  ---------
  9 0.1 3 2
```

6.09 の小数点以下のけた数は 2、14.8 は 1（2 ＋ 1 ＝ 3）。

答 90.132

(2)

```
    2.1 5
  × 0.3 6
  ---------
  1 2 9 0
    6 4 5
  ---------
  0.7 7 4 0
```

小数点の位置をずらしてから 0 を消すこと。

答 0.774

(3)

```
      0.4 3
  ×   0.1 9
  ---------
      3 8 7
      4 3
  ---------
  0.0 8 1 7
```

数字がない位には 0 を書く。

答 0.0817

小数のわり算

ポイント

- **わる数が小数の場合は整数に直し、わられる数の小数点の位置も同じだけずらす。**
- **商の小数点の位置は、わられる数の小数点の位置と同じ。**

わる数が小数の場合、整数に直して計算します。わられる数もそれに合わせて小数点の位置をずらします。商やあまりの小数点の位置はわられる数にそろえます。

わられる数 ÷ わる数

例）式の場合：27.6 ÷ 4.6 = 276 ÷ 46

筆算の場合：4.6)27.6 → 46)276

小数÷整数

例題　8.64 ÷ 32 を筆算で計算しましょう。

解き方

```
       0.2 7
32 ) 8.6 4
     6 4
     -----
     2 2 4
     2 2 4
     -----
         0
```

! 数字がない位は0を書く。

1 整数の場合と同じように計算する。

2 商の小数点はわられる数の小数点の位置と同じ場所にうつ。

答 0.27

小数÷小数

例題　次の計算を筆算でしましょう。

(1) $7.22 \div 3.8$　　(2) $0.832 \div 12.8$

(3) $51.3 \div 0.95$

解き方

(1)

```
      1.9
   ┌─────
3.8)7.2.2
    3 8
   ─────
    3 4 2
    3 4 2
   ─────
        0
```

答　1.9

1 わる数を整数に直す。

2 わられる数の小数点も同じだけずらす。

3 整数の場合と同じように計算する。

4 商の小数点はわられる数の小数点の位置と同じ場所にうつ。

※計算の方法3、4は小数÷整数と同じです。

(2)

```
       0.0 6 5
    ┌─────────
12.8)0 8.3 2
       7 6 8
    ─────────
         6 4 0
         6 4 0
    ─────────
             0
```

答　0.065

(3)

```
          5 4
     ┌────────
0.95)5 1.3 0
     4 7 5
     ────────
       3 8 0
       3 8 0
     ────────
           0
```

小数点をずらした位置に数字がない場合はその位に0を書く。

答　54

Part 1 数と計算
Part 2 図形
Part 3 数量

あまりがある場合

例題　次の計算を筆算して、商は一の位まで求め、あまりも出しましょう。

(1)　5.7 ÷ 0.8　　　　(2)　14.84 ÷ 2.9

解き方

(1)

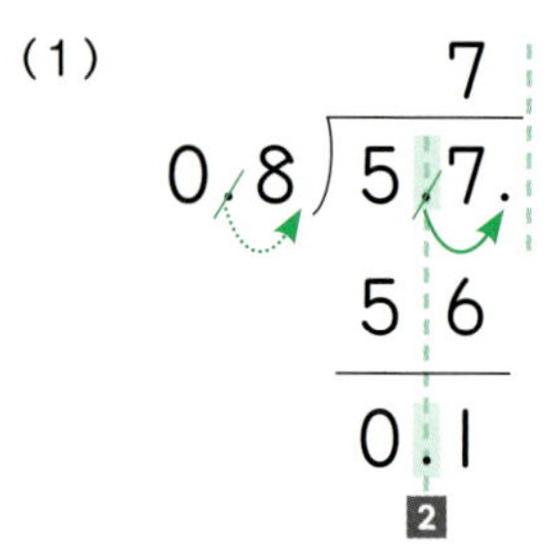

1 小数÷小数の場合と同じように計算する。

2 あまりの小数点の位置は、わられる数のもとの小数点の位置にそろえてうつ。

答　7あまり0.1

(2)

5
2.9) 14.8.4
145
0.34

答　5あまり0.34

わり算の検算の方法

小数の計算では小数点の位置を間違えやすいので、検算（確かめ算）を行って、答が正しいかどうかを確認するようにしましょう。

わられる数＝わる数×商＋あまり

解き方

14.84 ÷ 2.9 = 5 あまり 0.34 を検算してみると

わる数×商＋あまり = 2.9 × 5 + 0.34

= 14.5 + 0.34

= 14.84

わられる数 14.84 と同じなので、答は正しい。

! 検算が間違っていれば、計算や小数点の位置を確認する。

どうして０でわってはいけないの？

子どもにこう質問されたら、あなたはどう答えますか？　この質問はとても本質的で、大切な質問ですから丁寧に答えてあげましょう。

そもそもわり算とは何でしょうか。わり算とは「ある数が他の数の何倍であるか」を求める計算です。つまり「はじめにかけ算がある」と考えると、わり算とかけ算は対応していると考えることができます。例えば８÷４＝？は「4を？倍すると８になる（4×？＝8）」を求める計算といえます。

次に「０でわるわり算」を考えてみましょう。８÷０＝？に対応するかけ算は０×？＝８。では、？にはどんな数が入るのでしょうか。

０はどんな数をかけても０になるのですから、そんな数は存在しません。そうです、８÷０の答は「ない」ということです。

話はこれで終わりません。「０でわるわり算」がちょっと複雑なのは、さらにこの続きがあるからです。それが「０を０でわるわり算」です。０÷０＝？についても同じように、０×？＝０の？を探してみましょう。？にあてはまる数はあるのでしょうか。

面白いことに？にあてはまる数は０×０＝０、０×１＝０、０×２＝０、……いくらでも見つかります。つまり０÷０＝？の答えは「無数に存在する！」のです。

以上から「どうして０でわってはいけないの？」の問い自体が修正を迫られます。上記で見たように０でわる計算を考えることは可能ですから、正確にいえば「本当はできるけれど、何らかの理由でそれが許されないのはなぜ？」ということなのです。

「０でわるわり算」は「通常のわり算」と同じように「考える（計算する）ことができる（許される）」のですが、この２種類のわり算は計算結果が大きく異なります。

例えば８÷４＝２、６÷３＝２は答が１つに定まるのに対し、●÷０は答が１つに定まりません。

「答が１つに定まらない」――。これが「０で割ってはいけない」というルールの正体だったのです。

０でわってはいけない理由

●÷０＝？の答が１つに定まらないから

- ●が０以外の数の場合　→　答は存在しない
- ●が０の場合　→　答は無数に存在する

分数の表し方

ポイント

- **分数の大きさを比べるには「通分」すること。**
- **約分は最大公約数、通分は最小公倍数を使う。**

分数は分母と分子を使って表します。分数には「①等分したうちのいくつ分かを表す」「②わり算の答を表す」という意味があります。

分数

分子 5
分母 7 $\left(\frac{5}{7}\right)$

① 7つに等分するうちの5つ
② 5÷7の答

約分：分母と分子を最大公約数（16ページ）でわり、もっとも簡単な分数に直すこと。分数の計算は約分した形で答えます。

通分：いくつかの分数の分母をそろえること。分母を最小公倍数（14ページ）に直し、それにあわせて分子にも同じ数をかけます。分母をそろえると分数の大きさの比較ができます。

例題 $\frac{20}{4}$ を約分しましょう。

解き方

$$\frac{20}{4} = \frac{20 \div 4}{4 \div 4}$$

! 最大公約数は4

$$= \frac{5}{1}$$

! 分母が1になったら、整数に直すこと。

$$= 5$$

1 分母と分子の最大公約数でわる。
2 分母が1になったら整数に直す。

答 5

分数のたし算、引き算

ポイント

- **分母が同じなら分子だけを計算。**
- **分母が違ったら通分してから計算。**

分数のたし算と引き算は分母を同じ数にすることがポイントです。計算の前に分母を確認し、分母が違う場合は通分します。

分母が同じ場合

分母はそのままで分子だけを計算します。

● $\frac{1}{4}$に切られたケーキと$\frac{3}{4}$に切られたケーキを合わせた大きさは？

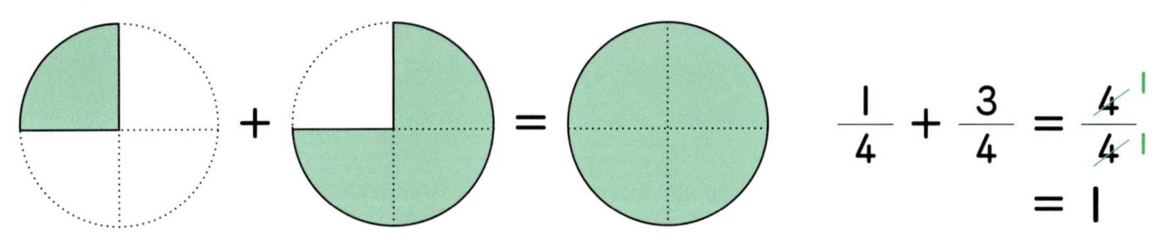

$$\frac{1}{4}+\frac{3}{4}=\frac{4}{4}=1$$

例題 次の計算をしましょう。

(1) $\frac{5}{13}+\frac{1}{13}$　　(2) $\frac{3}{8}-\frac{1}{8}$

解き方

(1) $\frac{5}{13}+\frac{1}{13}=\frac{6}{13}$　　答 $\frac{6}{13}$

1 分子を計算する。

2 答が約分できるか確認する。

(2) $\frac{3}{8}-\frac{1}{8}=\frac{2}{8}=\frac{1}{4}$　　約分を忘れずに。　　答 $\frac{1}{4}$

Part 1 数と計算

Part 2 図形

Part 3 数量

分母が違う場合

通分して分母を同じ数にしてから計算します。式の中に分数が３つ以上あるときは、全部の分数で通分します。

● $\frac{1}{4}$ に切られたケーキと $\frac{1}{3}$ に切られたケーキを合わせた大きさは？

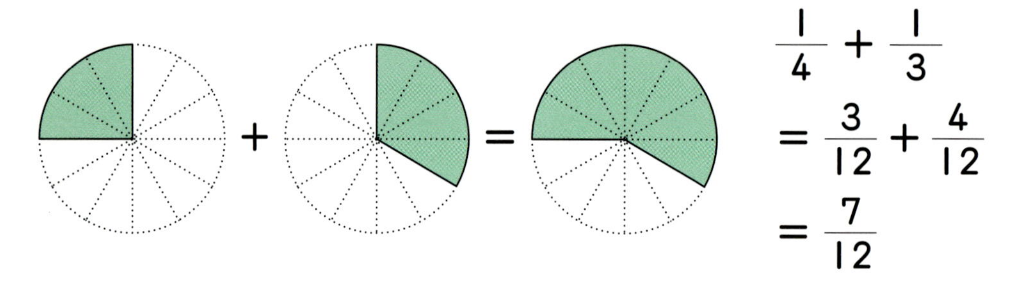

例題 次の計算をしましょう。

（1） $\frac{2}{3}+\frac{1}{6}$　　　　（2） $\frac{5}{12}-\frac{1}{8}$

解き方

（1）
$$\frac{2}{3}+\frac{1}{6}=\frac{2\times2}{3\times2}+\frac{1}{6}$$
$$=\frac{4}{6}+\frac{1}{6}$$
$$=\frac{5}{6}$$

1 通分する。
2 分子を計算する。
3 答が約分できるか確認する。

答 $\frac{5}{6}$

（2）
$$\frac{5}{12}-\frac{1}{8}=\frac{5\times2}{12\times2}-\frac{1\times3}{8\times3}$$
$$=\frac{10}{24}-\frac{3}{24}$$
$$=\frac{7}{24}$$

答 $\frac{7}{24}$

帯分数の場合

分数には「真分数」「仮分数」「帯分数」の３つの種類があります。帯分数のたし算、引き算は整数部分と分数部分を分けて計算します。分子の引き算が「小さい数－大きい数」になった場合は整数部分からくり下げて計算します。

真分数：分子が分母より小さい分数。

例）$\frac{1}{6}$、$\frac{2}{7}$

仮分数：分子が分母と同じか、分母より大きい分数。

例）$\frac{3}{3}$、$\frac{7}{5}$

帯分数：整数と真分数であらわされる分数。

例）$2\frac{4}{5}$（$=\frac{14}{5}$）、$1\frac{3}{7}$（$=\frac{10}{7}$）

例題　次の計算をしましょう。

（1）$1\frac{2}{3}+2\frac{3}{4}$　　（2）$4\frac{2}{7}-1\frac{5}{7}$

解き方

（1）
$$1\frac{2}{3}+2\frac{3}{4}=(1+2)+(\frac{2}{3}+\frac{3}{4})$$
$$=3+(\frac{8}{12}+\frac{9}{12})$$
$$=3\frac{17}{12}$$
$$=4\frac{5}{12}$$

！ $\frac{17}{12}\to1\frac{5}{12}$

1 整数部分どうし、分数部分どうしを計算する。

2 答が約分できるか確認する。仮分数になったら帯分数に直す。

答 $4\frac{5}{12}$

！ 整数部分から１くり下げると、

$4\frac{2}{7}\to3\frac{7+2}{7}\to3\frac{9}{7}$

（2）
$$4\frac{2}{7}-1\frac{5}{7}=3\frac{9}{7}-1\frac{5}{7}$$
$$=(3-1)+(\frac{9}{7}-\frac{5}{7})$$
$$=2\frac{4}{7}$$

1 分子の引き算が「小さい数－大きい数」になった場合は、整数部分から１くり下げる。

答 $2\frac{4}{7}$

分数のかけ算

ポイント

- **分母どうし、分子どうしをかける。**
- **先に約分をすると計算がラクになる。**

分数×整数

整数は分子にかけ、分母はそのままにします。

● $\frac{1}{3}$に切られたケーキを2個を合わせると$\frac{2}{3}$個分の大きさになる。

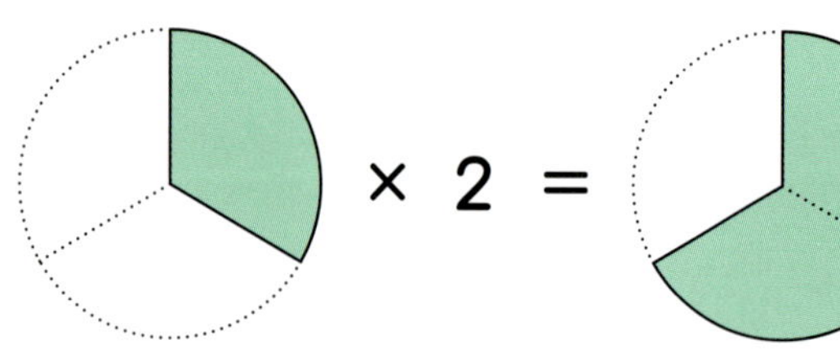

$$\frac{1}{3} \times 2 = \frac{1 \times 2}{3} = \frac{2}{3}$$

例題 次の計算をしましょう。

(1) $4 \times \frac{3}{5}$　　(2) $\frac{7}{8} \times 6$

解き方

(1) $4 \times \frac{3}{5} = \frac{4 \times 3}{5} = \frac{12}{5} \left(= 2\frac{2}{5}\right)$

1 分子と整数をかける。

2 計算する前に、約分できるものは約分する。

答 $\frac{12}{5}$（または$2\frac{2}{5}$）

(2) $\frac{7}{8} \times 6 = \frac{7 \times \cancel{6}^{3}}{\cancel{8}_{4}} = \frac{21}{4} \left(= 5\frac{1}{4}\right)$

! 計算の前に約分できるか確認！

答 $\frac{21}{4}$（または$5\frac{1}{4}$）

分数×分数

「分数×分数」はイメージしにくいかもしれません。分数には「等分したうちのいくつ分かを表す」という意味がありました（28ページ）。この考え方を用いて、例えば「$\times\frac{1}{6}$」は「6つに等分したうちの1つ」と考えます。分数のかけ算は分母どうし、分子どうしをかけ、帯分数は仮分数に直してから計算します。

● $\frac{3}{4}$に切られたケーキを6等分すると、1切れあたりの大きさは$\frac{1}{8}$。

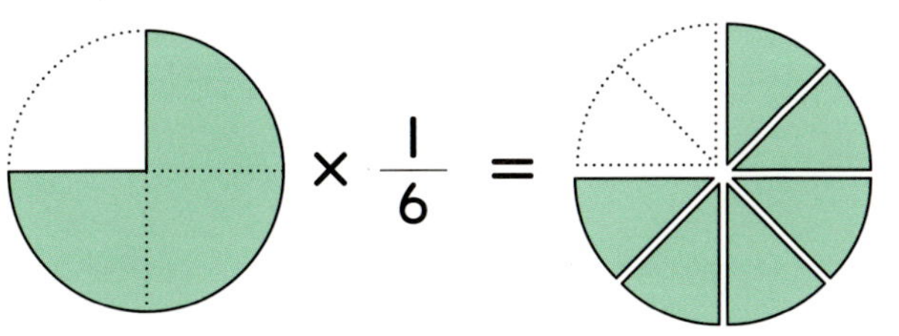

$$\frac{3}{4}\times\frac{1}{6}=\frac{\overset{1}{\cancel{3}}\times 1}{4\times\underset{2}{\cancel{6}}}=\frac{1}{8}$$

例題　次の計算をしましょう。

（1）$\frac{9}{32}\times\frac{8}{15}$　　（2）$3\frac{3}{4}\times\frac{2}{9}$

解き方

（1）
$$\frac{9}{32}\times\frac{8}{15}=\frac{\overset{3}{\cancel{9}}\times\overset{1}{\cancel{8}}}{\underset{4}{\cancel{32}}\times\underset{5}{\cancel{15}}}=\frac{3\times 1}{4\times 5}=\frac{3}{20}$$

1 帯分数は仮分数に直す。
2 分母どうし、分子どうしをかける。
3 計算する前に、約分できるものは約分する。

答　$\frac{3}{20}$

（2）
$$3\frac{3}{4}\times\frac{2}{9}=\frac{15}{4}\times\frac{2}{9}=\frac{\overset{5}{\cancel{15}}\times\overset{1}{\cancel{2}}}{\underset{2}{\cancel{4}}\times\underset{3}{\cancel{9}}}=\frac{5}{6}$$

答　$\frac{5}{6}$

分数のわり算

ポイント

- **逆数は分母と分子を入れかえた数。**
- **分数のわり算は、わられる数×わる数の逆数。**

分数のわり算は、わられる数にわる数の逆数をかけます。かけ算と同じ形の式になるので、かけ算ができればわり算もできることになります。

逆数：分母と分子を入れかえた数。ある数とその数の逆数の積は 1 になります。
例）$\frac{2}{3}$ の逆数は$\frac{3}{2}$　$\frac{2}{3}\times\frac{3}{2}=1$

例題 次の数の逆数を求めましょう。

（1）$\frac{1}{5}$　　　（2）$2\frac{4}{7}$

解き方

1 帯分数は仮分数に直す。
2 分母と分子を入れかえる。

（1）分母と分子を入れかえると

$\frac{5}{1}=5$

答　5

（2）$2\frac{4}{7}=\frac{18}{7}$ だから、
分母と分子を入れかえると$\frac{7}{18}$

！ 帯分数は仮分数に直す。

答　$\frac{7}{18}$

分数÷整数

わられる数にわる数の逆数をかけます。整数●の逆数は$\frac{1}{●}$になります。

● $\frac{3}{4}$に切られたケーキを６等分すると、１切れあたりの大きさは$\frac{1}{8}$。

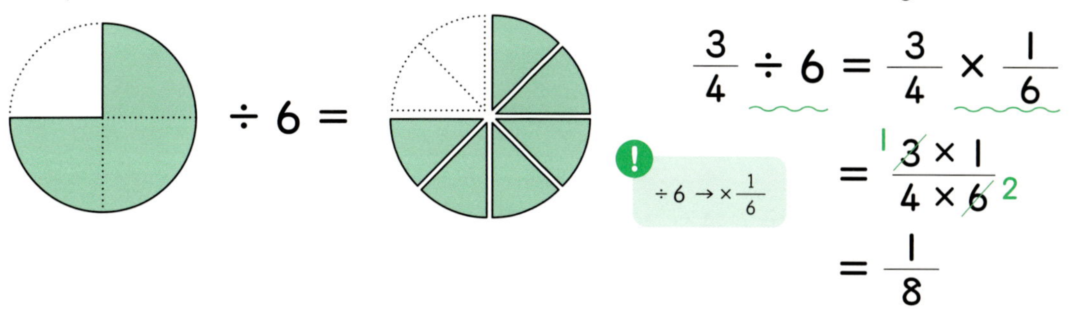

÷ 6 =
$\frac{3}{4} \div 6 = \frac{3}{4} \times \frac{1}{6}$
$= \frac{3 \times 1}{4 \times 6}$
$= \frac{1}{8}$
÷6 → ×$\frac{1}{6}$

例題　次の計算をしましょう。

（1）$\frac{14}{3} \div 6$　　（2）$3\frac{3}{5} \div 9$

解き方

（1）$\frac{14}{3} \div 6 = \frac{14}{3} \times \frac{1}{6}$

$= \frac{7}{9}$

答 $\frac{7}{9}$

1. 帯分数は仮分数に直す。
2. わられる数にわる数の逆数をかける。
3. 計算する前に、約分できるものは約分する。

（2）$3\frac{3}{5} \div 9 = \frac{18}{5} \times \frac{1}{9}$

$= \frac{2}{5}$

答 $\frac{2}{5}$

！帯分数は仮分数に。
$3\frac{3}{5} \to \frac{3 \times 5 + 3}{5} \to \frac{18}{5}$

Part 1 数と計算　Part 2 図形　Part 3 数量

分数÷分数

● 1個のケーキを1人$\frac{1}{4}$の大きさで分けると、4人に分けられる。

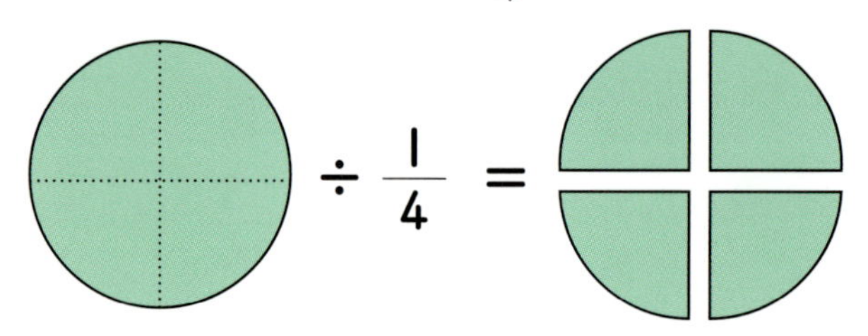

$$1 \div \frac{1}{4} = 1 \times \frac{4}{1}$$
$$= 4$$

● $2\frac{1}{4}$個のケーキを1人$\frac{3}{8}$の大きさで分けると、6人に分けられる。

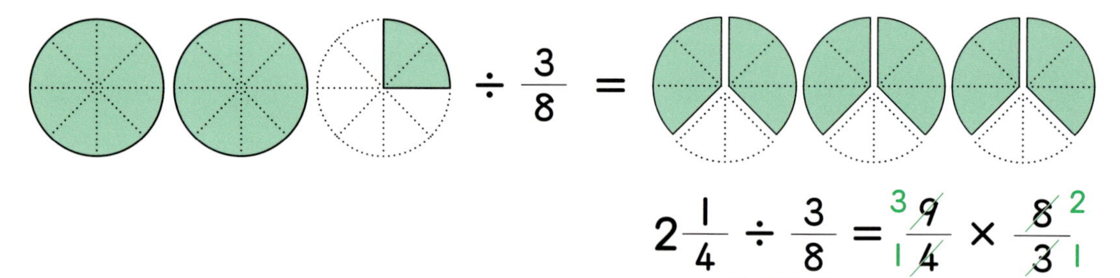

$$2\frac{1}{4} \div \frac{3}{8} = \frac{\overset{3}{\cancel{9}}}{\underset{1}{\cancel{4}}} \times \frac{\overset{2}{\cancel{8}}}{\underset{1}{\cancel{3}}}$$
$$= 6$$

例題 次の計算をしましょう。

(1) $\frac{3}{14} \div \frac{6}{21}$　　　(2) $1\frac{7}{8} \div 2\frac{1}{12}$

解き方

(1) $\frac{3}{14} \div \frac{6}{21} = \frac{\overset{1}{\cancel{3}}}{\underset{2}{\cancel{14}}} \times \frac{\overset{3}{\cancel{21}}}{\underset{2}{\cancel{6}}}$

$= \frac{3}{4}$

※計算の方法は分数÷整数と同じです。

答 $\frac{3}{4}$

(2) $1\frac{7}{8} \div 2\frac{1}{12} = \frac{15}{8} \div \frac{25}{12}$

$= \frac{\overset{3}{\cancel{15}}}{\underset{2}{\cancel{8}}} \times \frac{\overset{3}{\cancel{12}}}{\underset{5}{\cancel{25}}}$

$= \frac{9}{10}$

答 $\frac{9}{10}$

どうして分数のわり算はひっくり返すの？

分数のわり算の「わる数の分子と分母をひっくり返してかけ算にする」という計算方法には「？」が満ちています。大人でもこの「？」にきちんと答えられる方は少ないでしょう。この疑問を「ペンキの塗り方」を例に考えてみましょう。

[1ℓで3m^{2}塗れるペンキがあります。2ℓのペンキでは何m^{2}塗れますか。]

この問題はさほど難しくありません。ペンキの量が2倍ならば塗れる面積も2倍になるので、答はかけ算を用いて3（m^2/ℓ）×2（ℓ）＝6（m^2）と求めることができます。

それでは問題文を少し変えてみましょう。

[1m^{2}塗るのに$\frac{1}{3}$ℓ必要とするペンキがあります。2ℓのペンキでは何m^{2}塗れますか。]

この問題では「1ℓで3m^{2}塗れるペンキ」ではなく、「1m^{2}塗るのに$\frac{1}{3}$ℓ必要とするペンキ」が使われています。答は2(ℓ)÷$\frac{1}{3}$(ℓ/m^2)という計算で求めますが（「単位量あたりの大きさ」、94ページ）、さぁ、ここで「分数のわり算」が現れました。わり算を使わずにかけ算でこの問題を解けないかを考えてみましょう。

このペンキは$\frac{1}{3}$ℓで1m^{2}塗れるので、言いかえれば「1ℓで3m^{2}塗れるペンキ」ということです。これは先ほどの問題に出てきたペンキと同じですね。ですから同様に「2ℓの場合はさらにこの2倍塗れる」と考えると、かけ算を使って3（m^2/ℓ）×2（ℓ）＝6（m^2）で答を求めることができます。したがって、2÷$\frac{1}{3}$という計算は2×3＝6という計算と同じ結果になることがわかります。

つまり、分数のわり算が逆数のかけ算になった背景には「1ℓで3m^{2}塗れるペンキ」を「1m^{2}塗るのに$\frac{1}{3}$ℓ必要なペンキ」にするという視点の変換があったのです。基準とする視点（単位）を変えることで、わり算になるか、かけ算になるかも変わるのですね。

いつしか私たちは「分数のわり算はわる数の分子と分母をひっくり返してかけ算にする」ことを公式のように覚え、それと同時に「なぜ」と思う気持ちを封印しました。

しかし、ときには「なぜ」という疑問に立ち止って考えることも、理解を深めるうえで大切なことなのです。

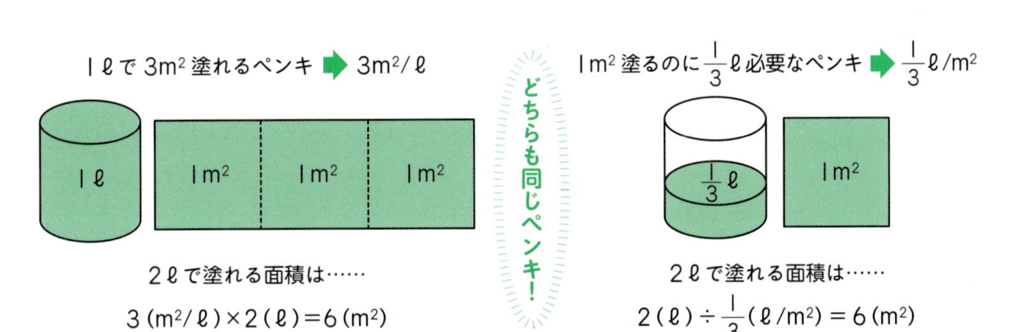

計算のきまり

ポイント

- **（　）を優先。次に×÷、最後に＋−。**
- **計算のきまりを上手に使えば速く正確に計算できる。**

数の世界では計算の優先順位がきちんと決まっています。それらのルールを守らないと、正しい答を導けません。四則演算（＋−×÷）や（　）がまじった式では計算の順序に気をつけましょう。

ルール

1. **（　）を優先※**
2. **次に×÷**
3. **最後に＋−**

※｛　｝の中に（　）がある場合、
（　）を計算してから｛　｝の計算をします。

例）$(3+4)\times 2-10\div 2 = 7\times 2-10\div 2$（(3＋4)が 1、7×2 と 10÷2 が 2）

$= 14-5$（14−5 が 3）

$= 9$

きまり	例
■＋▲＝▲＋■	例）$1+2=2+1$
■×▲＝▲×■	$4\times 5=5\times 4$
(■＋▲)＋●＝■＋(▲＋●)	$(1+2)+3=1+(2+3)$
(■×▲)×●＝■×(▲×●)	$(4\times 5)\times 6=4\times(5\times 6)$
(■＋▲)×●＝■×●＋▲×●	$(7+8)\times 4=7\times 4+8\times 4$
(■−▲)×●＝■×●−▲×●	$(9-6)\times 5=9\times 5-6\times 5$
(■＋▲)÷●＝■÷●＋▲÷●	$(6+9)\div 3=6\div 3+9\div 3$
(■−▲)÷●＝■÷●−▲÷●	$(8-4)\div 2=8\div 2-4\div 2$

例題 次の計算をしましょう。

(1) $(14+56)\div 7-3$　　(2) $14+56\div(7-3)$

解き方

(1) $(14+56)\div 7-3=70\div 7-3$

$=10-3$

$=7$

答 7

(2) $14+56\div(7-3)=14+56\div 4$

$=14+14$

$=28$

答 28

! (　)の位置が違えば答は異なる。

例題 計算が簡単になるように工夫して、次の計算をしましょう。

(1) 107×2　　(2) $8\times 15+7\times 8-13\times 8$

解き方

(1) $107\times 2=100\times 2+7\times 2$

$=200+14$

$=214$

! 107 = 100 + 7

答 214

(2) $8\times 15+7\times 8-13\times 8=8\times(15+7-13)$

$=8\times 9$

$=72$

! 式を× 8 でまとめる。

答 72

小数と分数の混じった計算

ポイント

- **小数は分数に直す。**
- **帯分数は仮分数に直す。**

分数の中には $\frac{1}{3}$ や $\frac{2}{7}$ のように、分子が分母でわりきれない数もあります。そこで、小数と分数が混じった計算は小数を分数に直して計算します。

例題 次の数を分数に直しましょう。

（1）0.17　　（2）2.059

解き方

（1）小数第二位までの数なので、
分母は 100。
小数点以下は 17 なので
分子は 17。

答 $\frac{17}{100}$

1 分母を決める。
・小数第一位までなら分母は 10
・小数第二位までなら分母は 100……

2 分子を決める。分子は小数点以下の数字。

（2）小数第三位までの数なので、
分母は 1000。
整数は 2 なので 2000、
小数点以下は 059 なので
分子は 2000 ＋ 59 で 2059。

答 $\frac{2059}{1000}$

！ 整数を分数に直すときは、分母が 1 だと考える。
$2 = \frac{2}{1} = \frac{2000}{1000}$

例題　次の計算をしましょう。

(1) $\frac{2}{3}+0.8-\frac{3}{5}$　　(2) $0.21\times2\frac{6}{7}\div0.75$

(3) $(0.2+\frac{4}{15})\times\frac{15}{28}-0.1$　　(4) $1.8\div9+0.5-\frac{5}{8}$

解き方

1 小数は分数に、帯分数は仮分数に直す。

2 計算のきまりに沿って計算する。

(1) $\frac{2}{3}+0.8-\frac{3}{5}=\frac{2}{3}+\frac{8}{10}-\frac{3}{5}$

$=\frac{20+24-18}{30}$

$=\frac{13}{15}$　　答 $\frac{13}{15}$

(2) $0.21\times2\frac{6}{7}\div0.75=\frac{21}{100}\times\frac{20}{7}\div\frac{75}{100}$

! 帯分数は仮分数に。

$=\frac{\overset{3\;1}{\cancel{21}}}{\cancel{100}\,1}\times\frac{\overset{4}{\cancel{20}}}{\cancel{7}\,1}\times\frac{\overset{1}{\cancel{100}}}{\cancel{75}\,\cancel{15}\,5}$

$=\frac{4}{5}$　　答 $\frac{4}{5}$

(3) $(0.2+\frac{4}{15})\times\frac{15}{28}-0.1=(\frac{2}{10}+\frac{4}{15})\times\frac{15}{28}-\frac{1}{10}$

! 最初に( )の中を計算。

$=\frac{\overset{1}{\cancel{14}}}{\cancel{30}\,2}\times\frac{\overset{1}{\cancel{15}}}{\cancel{28}\,2}-\frac{1}{10}$

$=\frac{1}{4}-\frac{1}{10}$

$=\frac{3}{20}$　　答 $\frac{3}{20}$

(4) $1.8\div9+0.5-\frac{5}{8}=\frac{18}{10}\div9+\frac{5}{10}-\frac{5}{8}$

! わり算を優先。

$=\frac{\overset{2\;1}{\cancel{18}}}{\cancel{10}\,5}\times\frac{1}{\cancel{9}\,1}+\frac{5}{10}-\frac{5}{8}$

$=\frac{1}{5}+\frac{5}{10}-\frac{5}{8}$

$=\frac{3}{40}$　　答 $\frac{3}{40}$

インド式計算

数学に秀でることがエリートの近道となるインドでは、速く正確に計算を行うための工夫がたくさんあります。インド式計算を使えば、瞬時に計算できるようになります。

おつりのひき算（1000円、10000円）

買い物のときにおつりがわからなくて困ったことはありませんか。1000円札、10000円札で買い物をしたときのおつりの計算方法です。

1000 − 509

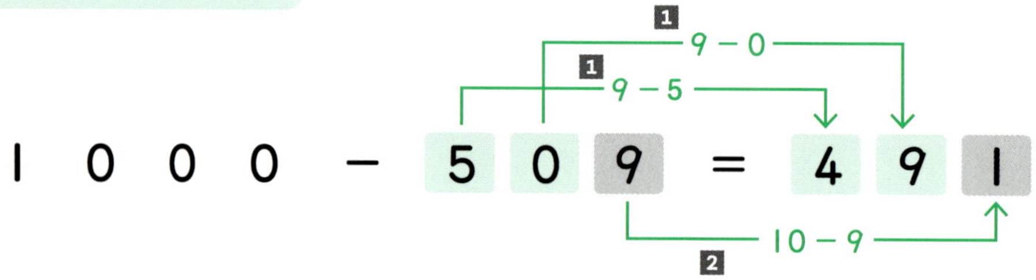

1 0 0 0 − 5 0 9 = 4 9 1

1 9 − 0
1 9 − 5
2 10 − 9

1 答の百の位と十の位は「たして 9 になる数」。

2 答の一の位は「たして 10 になる数」。

例題

（1）1000 − 693 =

（2）1000 − 59 =

（3）1000 − 178 =

（4）1000 − 924 =

（5）10000 − 3048 =

（6）10000 − 4120 =

（7）10000 − 9007 =

（8）10000 − 6585 =

答

(1) 307　(2) 941　(3) 822
(4) 76　(5) 6952　(6) 5880
(7) 993　(8) 3415

10000の場合も基本は同じ。千の位で「たして9になる数」を見つける。

おつりのひき算（5000円）

5000円札で買い物をしたときのおつりの計算方法です。

5000 − 3107

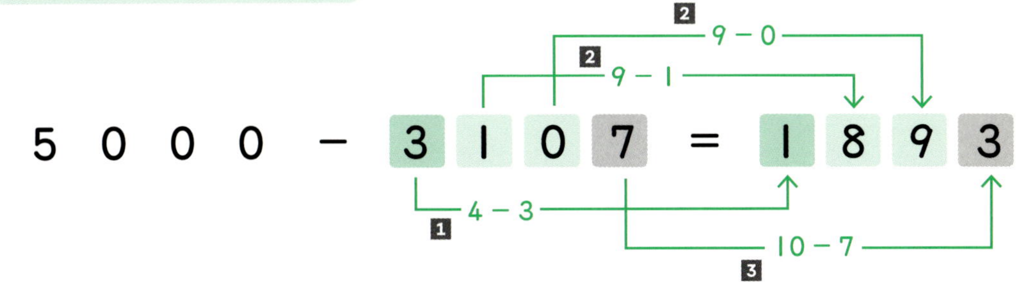

1 答の千の位は「たして4になる数」。
2 答の百の位と十の位は「たして9になる数」。
3 答の一の位は「たして10になる数」。

例題

(1) 5000 − 2675 =　(2) 5000 − 941 =
(3) 5000 − 4033 =　(4) 5000 − 1598 =
(5) 5000 − 1870 =　(6) 5000 − 3604 =

答

(1) 2325　(2) 4059　(3) 967　(4) 3402
(5) 3130　(6) 1396

十の位が同じ数で一の位の和が 10 のかけ算

「26 × 24」のように、十の位の数が同じで、一の位の和が 10 のかけ算を簡単に計算するコツです。

26 × 24

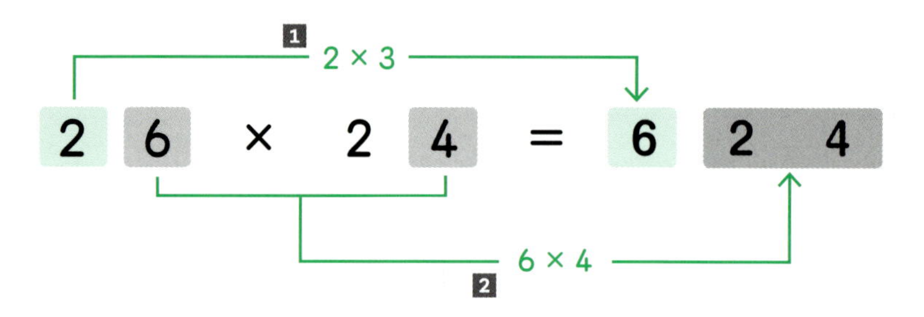

1 答の千の位と百の位は「十の位の数」と「それより 1 つ大きい数」の積。

2 答の十の位と一の位は「一の位どうし」の積。

例題

(1) 78 × 72 =　　(2) 35 × 35 =

(3) 61 × 69 =　　(4) 47 × 43 =

(5) 14 × 16 =　　(6) 89 × 81 =

(7) 52 × 58 =　　(8) 27 × 23 =

答

(1) 5616　(2) 1225　(3) 4209　(4) 2021

(5) 224　(6) 7209

(7) 3016　(8) 621

！ (3) 一の位どうしをかけて 1 けただった場合は、十の位は「0」と考える。

11～19どうしのかけ算

11から19までの数どうしのかけ算の計算方法です。くりあがりに気をつけましょう。

13×18

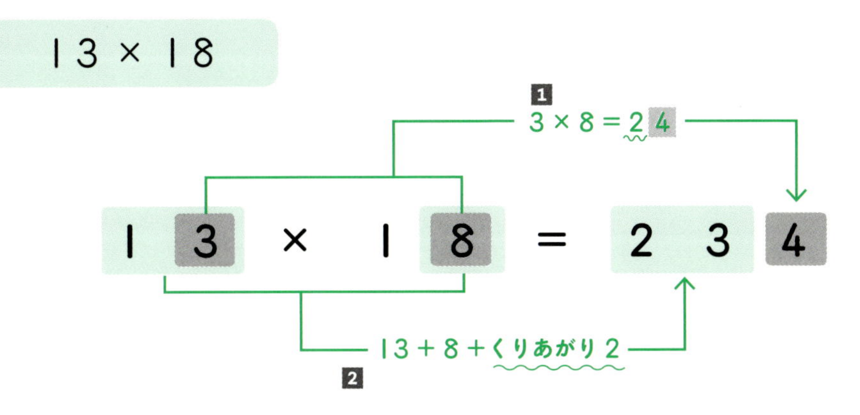

1 答の一の位は「一の位どうし」の積。くりあがりは覚えておく。

2 答の百の位と十の位は「かけられる数」と「かける数の一の位の数」の和。さらに「くりあがり」があればたす。

例題

（1）12×14＝　　（2）16×19＝

（3）15×17＝　　（4）18×18＝

（5）11×13＝　　（6）19×19＝

（7）17×12＝　　（8）13×15＝

答

（1）168　（2）304　（3）255　（4）324

（5）143　（6）361

（7）204　（8）195

一の位どうしの積が10以上になった場合、最後にくりあがりをたすことを忘れずに。

90～99どうしのかけ算

90台どうしの数のかけ算です。ポイントは100を基準に考えること。100との差をかけたりたしたりするだけで答を求められます。

94 × 98

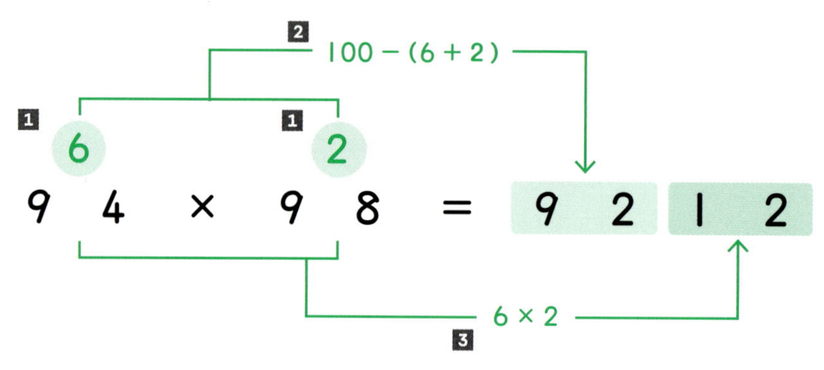

1 たして100になる数を求める。
2 答の千の位と百の位は「100 − 1の和」。
3 答の十の位と一の位は「1の積」。

例題

(1) $92 \times 93 =$　(2) $97 \times 91 =$

(3) $95 \times 99 =$　(4) $96 \times 96 =$

(5) $94 \times 94 =$　(6) $91 \times 98 =$

(7) $98 \times 92 =$　(8) $93 \times 95 =$

答

(1) 8556　(2) 8827　(3) 9405　(4) 9216

(5) 8836　(6) 8918　(7) 9016　(8) 8835

Part 2 図形

図形問題の基本は、図形とその基本性質の理解です。これは教科書に書かれている通りを覚えるということではありません。図形とその性質を“きちんと理解できるか”ということです。理解を深めるには、まず自分の生活の中で目にする形を、さまざまな図形と一致させることから始めましょう。**お子さんと一緒に部屋の中を見渡してみてください。私たちは多くの図形に囲まれて生活していることがわかります。**缶詰は円柱、将棋盤は正方形……というように、親子で図形探しゲームをしてみると図形の理解が深まるでしょう。

また、面積や体積・容積ではg、cm^2、cm^3、ℓなどの単位も一緒に学びます。家の中やスーパーなどで、何にどのような単位が使われているのかを子どもに示してあげてください。「水道はm^3、牛乳はℓ、香水瓶はmℓ……」と多くの単位に触れ合うことで、「どういうものを測るときに使う単位なのか」「mℓとℓはどちらが大きいか」「1ℓはどのくらいの量か」を実感しながら身につけることができるのです。

垂直と平行

ポイント

- **直角＝ 90°、$\frac{1}{2}$ 回転＝ 180°、1 回転＝ 360°**
- **2 本の直線が交わっているとき、向かい合っている角の大きさは等しい。**

図形の問題の基本「垂直」と「平行」について学びます。

直　角：90°　　**$\frac{1}{2}$ 回転**：180°　　**1 回転**：360°

垂　直：直角に交わる直線は「垂直である」といいます。

2 本の直線が 90° をつくっている。

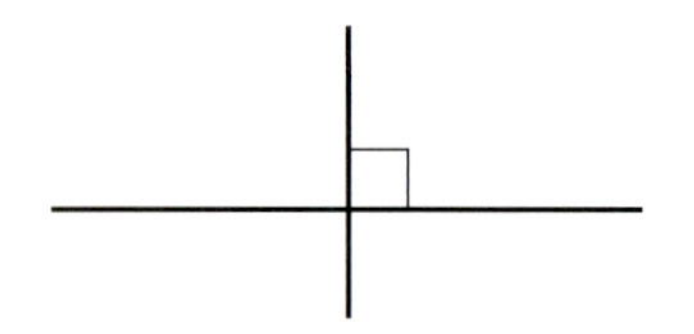

平　行：1 本の直線に垂直な 2 本の直線は「平行である」といいます。

2 本の直線の幅はどこまでも等しい。
2 本の直線はどこまでのばしても交わらない。
※矢印（→）は平行を表す記号

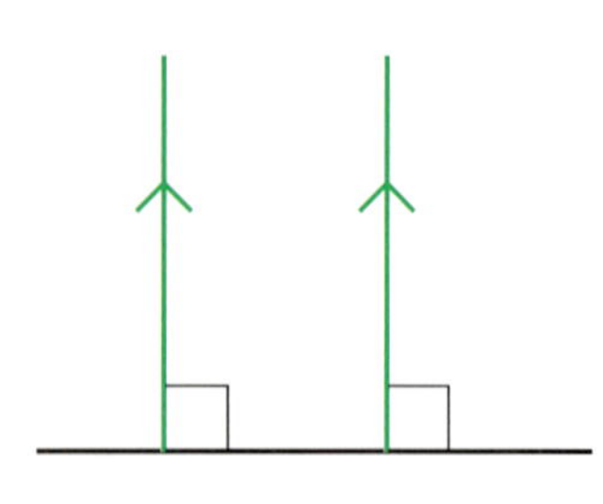

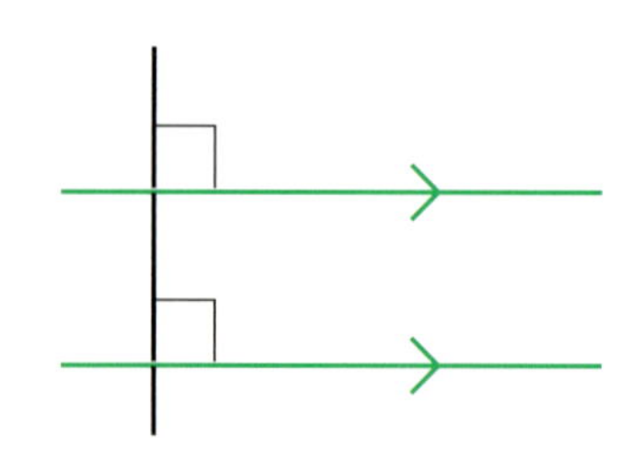

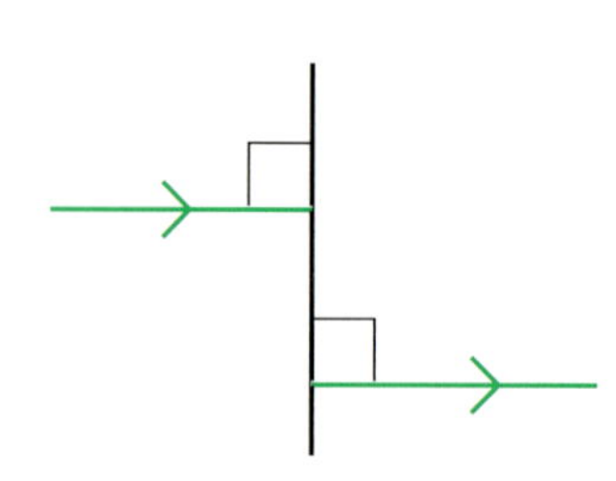

2本の直線がつくる角度

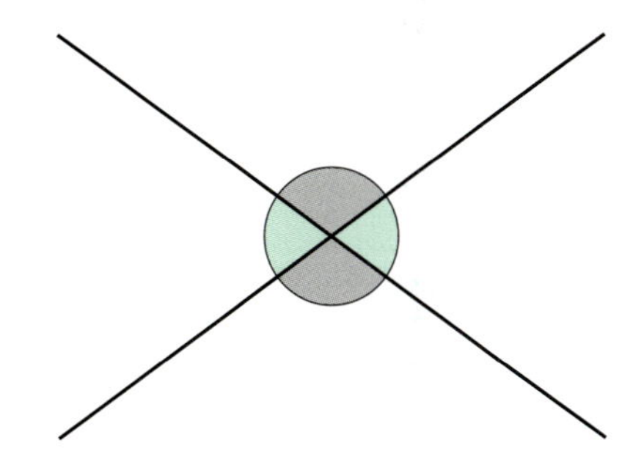

向かい合っている角の大きさは等しい。

平行な直線がつくる角度

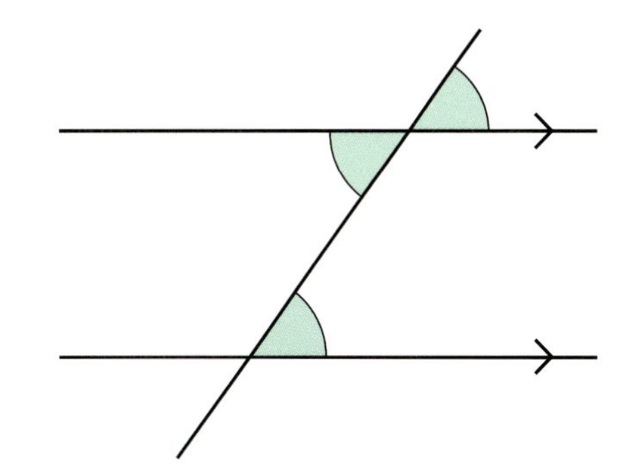

2本の平行な直線と他の直線が交わるとき、交わる角の大きさは等しい。

例題　次の角度を求めましょう。

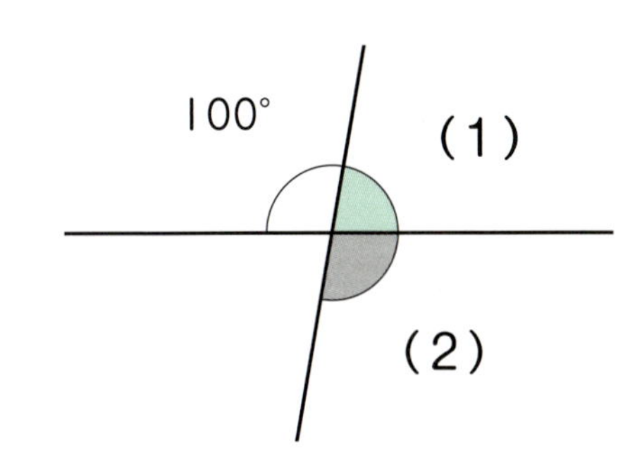

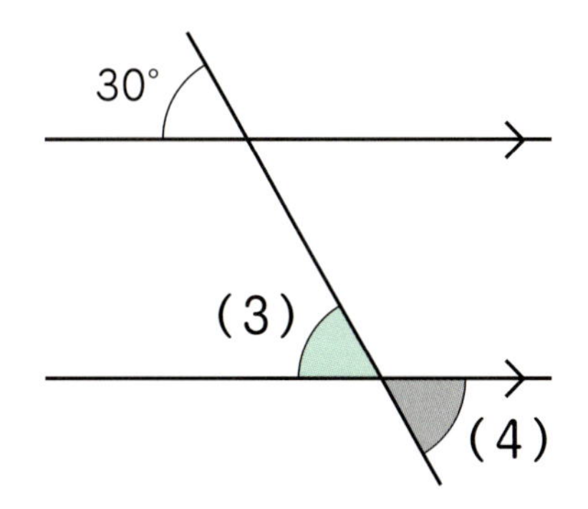

解き方

(1)　180° − 100° = 80°　　答 80°

(2)　向かい合っている角の大きさは等しいので 100°　　答 100°

(3)　同じ角度で交わっているので 30°　　答 30°

(4)　向かい合っている角の大きさは等しいので 30°　　答 30°

三角形の性質と角

ポイント

- **三角形の種類は辺の長さや角度で分けられている。**
- **三角形の内角の和＝ 180°**

同じ直線上にない３つの点を結んでできるのが三角形です。三角形には３つの頂点と３つの辺があります。三角形の内角の和は必ず180°になります。

直角三角形：１つの角が直角である三角形。他の２つの角は鋭角（えいかく）（90°より小さい）。

二等辺三角形：２つの辺の長さが等しい三角形。２つの角の大きさは等しい。

- **直角二等辺三角形**：二等辺三角形のうち、１つの角が直角である三角形。
- **正三角形**：二等辺三角形のうち、３つの辺の長さが等しい三角形。角の大きさはすべて60°。

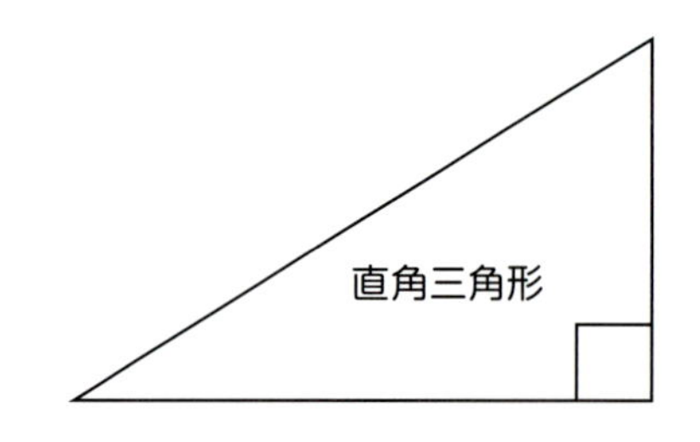

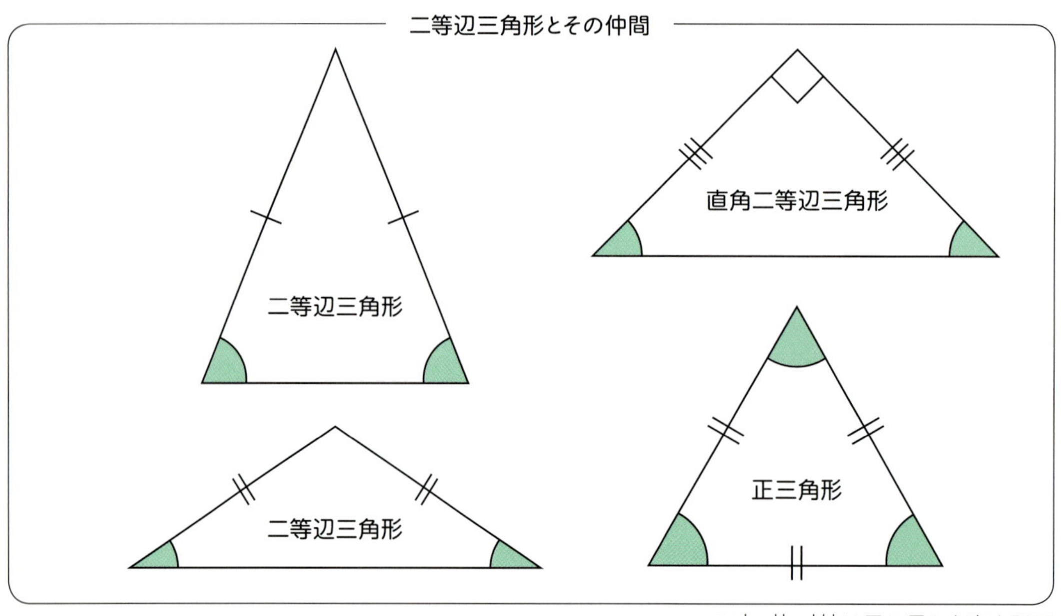

※｜、||、|||は同じ長さを表す記号

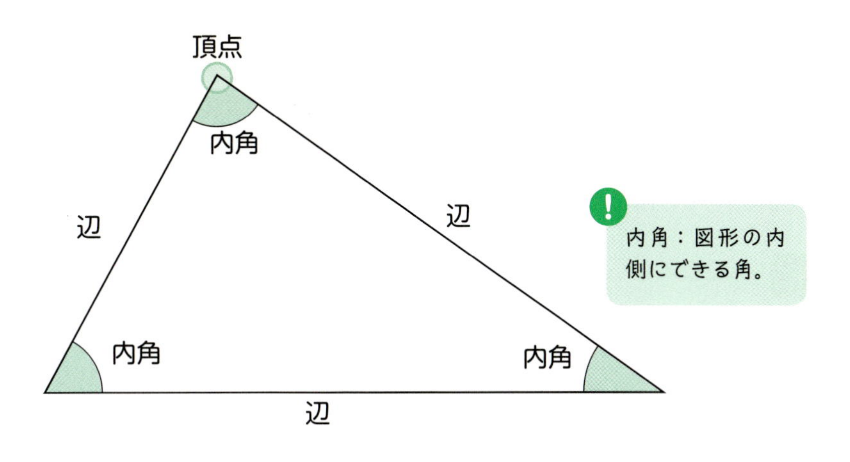

公式

三角形の内角の和＝180°

例題 次の角度を求めましょう。

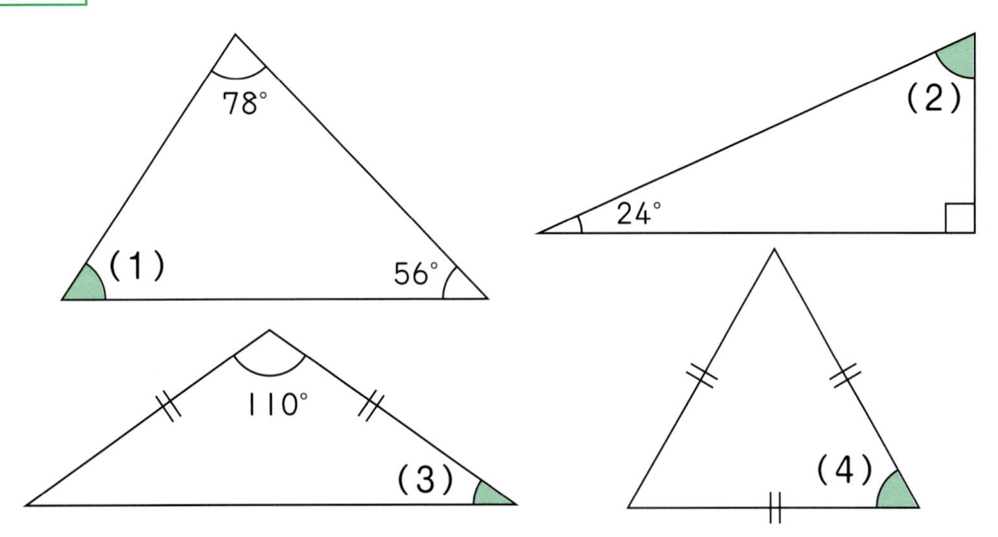

解き方

(1)　$180° - (78° + 56°) = 46°$　　答　46°

(2)　$180° - (90° + 24°) = 66°$　　答　66°

(3)　$(180° - 110°) \div 2 = 35°$　　答　35°

(4)　3つの辺の長さが等しいので正三角形。　　答　60°

四角形の性質と角

ポイント

- **四角形を対角線で分けると三角形が 2 つ現れる。**
- **四角形の内角の和＝ 360°**

同じ直線上にない 4 つの点を結んでできるのが四角形です。四角形には 4 つの頂点と 4 つの辺があります。四角形の内角の和は必ず 360° になります。

台　　形：1 組の対辺（向かい合った辺）が平行である四角形。

平行四辺形：2 組の対辺が平行である四角形。対辺の長さと対角（向かい合った角）の大きさは等しい。

- **ひし形**：平行四辺形のうち、4 つの辺の長さが等しい四角形。対辺が平行で対角の大きさは等しい。対角線は直交する。
- **長方形**：平行四辺形のうち、4 つの角がすべて直角で、対辺の長さが等しい四角形。対辺は平行で、対角線の長さは等しい。
- **正方形**：平行四辺形のうち、4 つの角がすべて直角で、4 つの辺の長さが等しい四角形。対辺は平行で、対角線の長さは等しい。対角線は直交する。

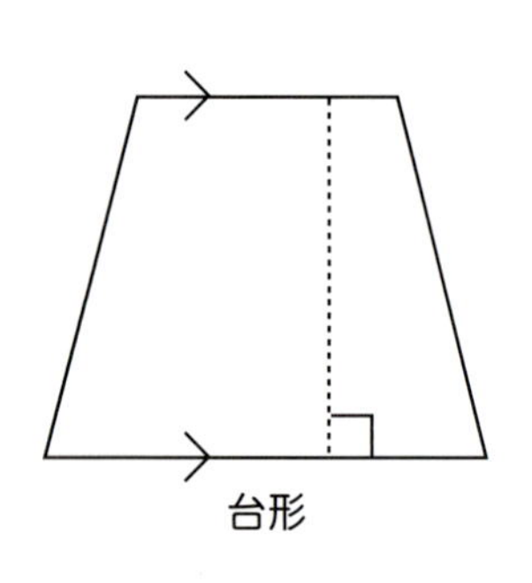

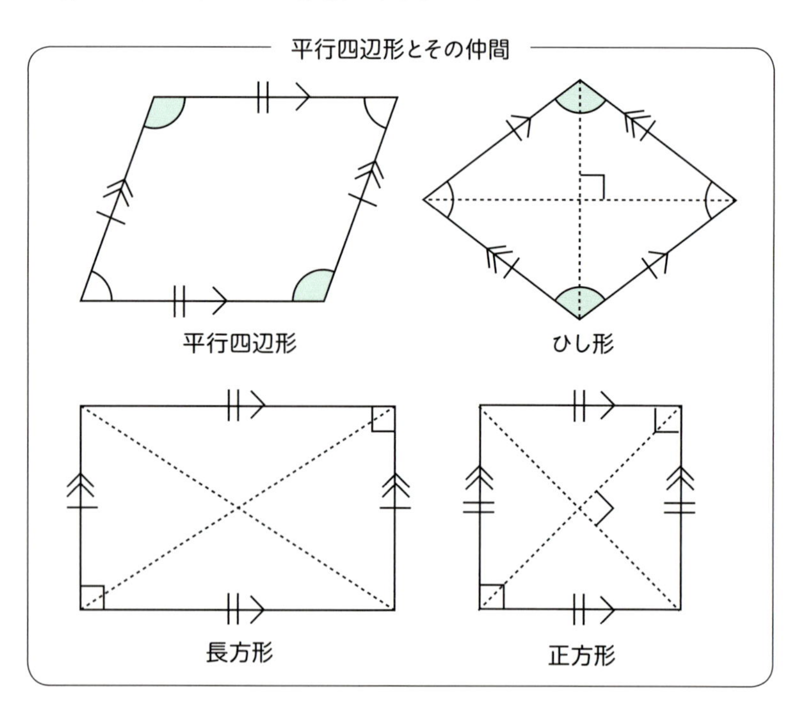

!
対角線：2つの頂点を結ぶ線分（辺を除く）。

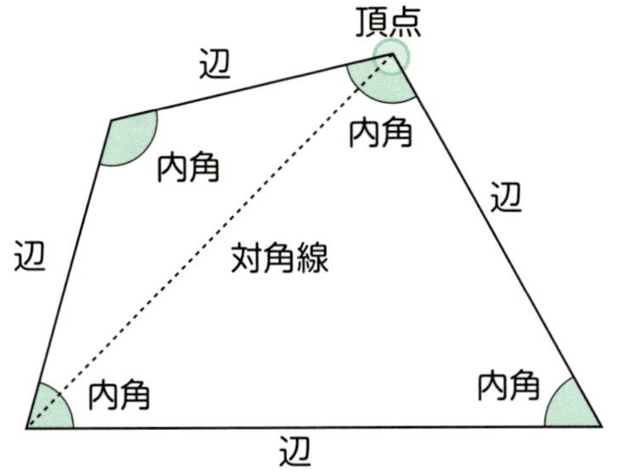

!
対角線で分けると三角形が2つ現れる。
→内角の和は
三角形2つ分なので
$180° \times 2 = 360°$

公式

四角形の内角の和＝ 360°

例題　次の角度を求めましょう。

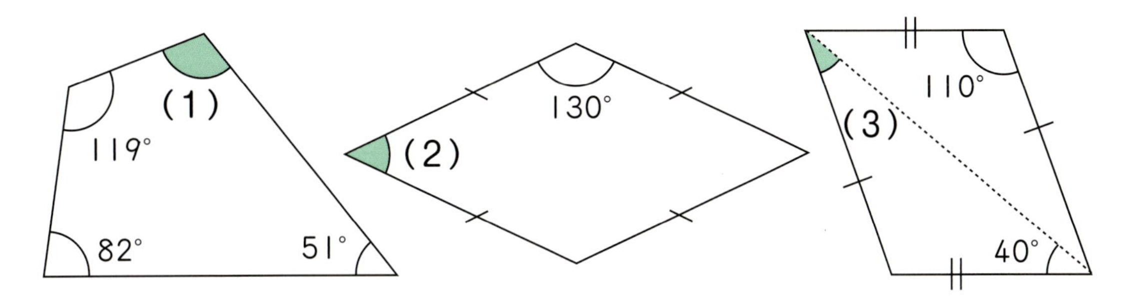

解き方

(1)　$360° - (119° + 82° + 51°) = 108°$　　答　108°

(2)　ひし形なので、向かい合った角の大きさは等しい。
$360° - (130° + 130°) = 100°$
この角度の半分の大きさが求める角の大きさなので
$100° \div 2 = 50°$　　答　50°

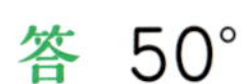

(3)　平行四辺形なので、
向かい合った角の大きさは110°
三角形の内角の和は180°なので
$180° - (110° + 40°) = 30°$

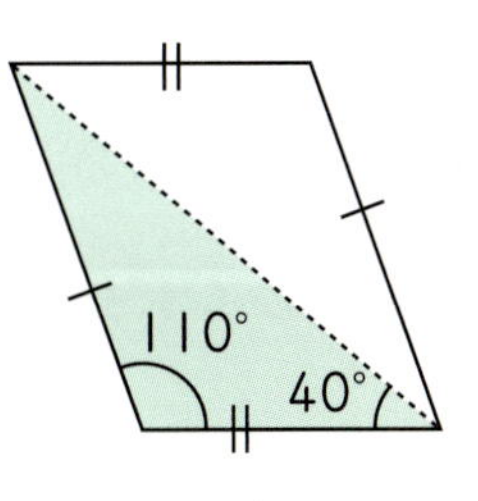

答　30°

多角形の性質と角

ポイント

- **●角形の内角の和＝(●－ 2)× 180°**
- **正多角形の 1 つの角の大きさ＝内角の和÷頂点の数**

3 つ以上の頂点と辺を持つ図形を多角形といいます。三角形や四角形のほかにも五角形、六角形……などたくさんの種類があります。

多 角 形：3 つ以上の線分（辺）で囲まれた図形。
例）三角形、四角形、五角形、六角形、……

正多角形：辺の長さと角の大きさがすべて等しい多角形。
例）正三角形、正方形、正五角形、正六角形、……

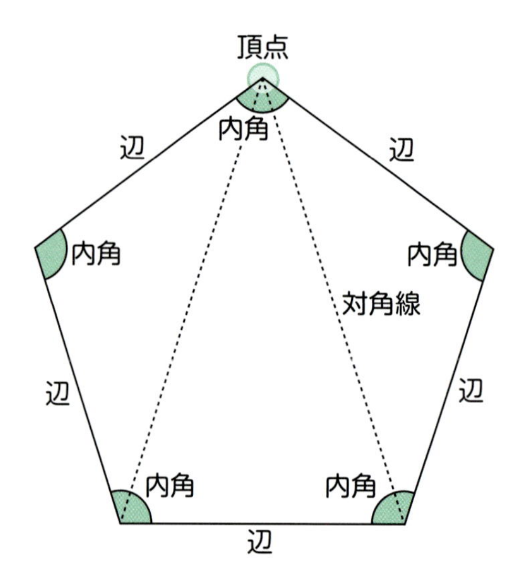

多角形の内角の和は、1 つの頂点から対角線を引き、それによってできる三角形の数に 180°をかけて求めます。

公式

●角形の内角の和＝(●－ 2)× 180°

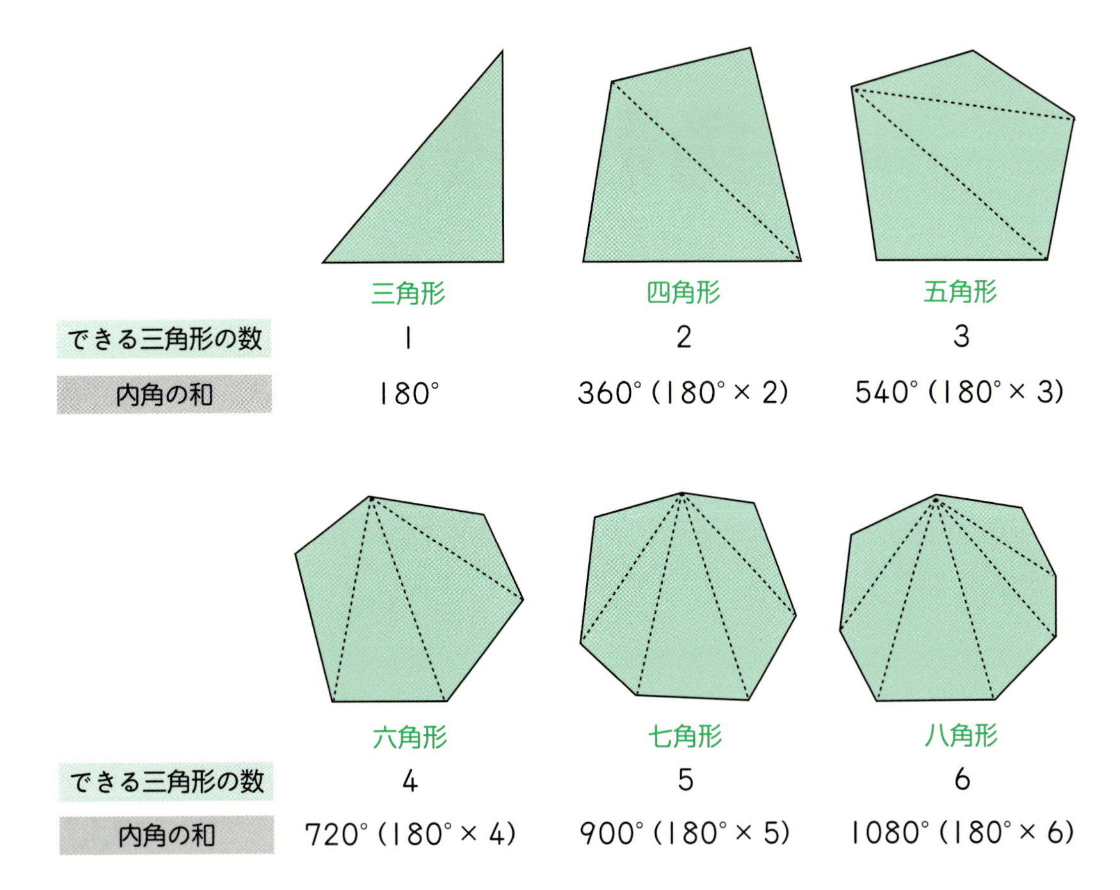

	三角形	四角形	五角形
できる三角形の数	1	2	3
内角の和	180°	360°（180°×2）	540°（180°×3）

	六角形	七角形	八角形
できる三角形の数	4	5	6
内角の和	720°（180°×4）	900°（180°×5）	1080°（180°×6）

例題 次の角度を求めましょう。

（1） 六角形の内角の和　　（2） 正十二角形の 1 つの角の大きさ

解き方

（1） 三角形が 4 個できるので 180°×4＝720°
（または公式を使って（6－2）×180°＝720°）

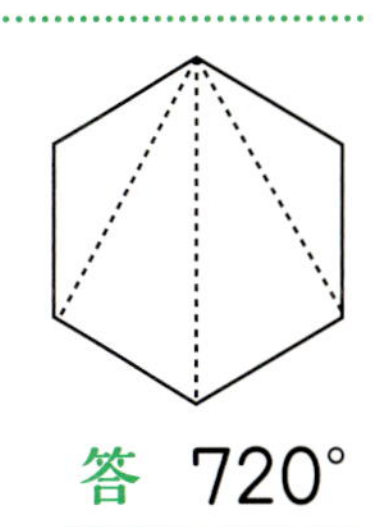

答 720°

（2） 三角形が 10 個できるので 180°×10＝1800°
（または公式を使って（12－2）×180°＝1800°）
頂点が 12 個なので 1800°÷12＝150°

! 正多角形の 1 つの角の大きさ＝内角の和÷頂点の数

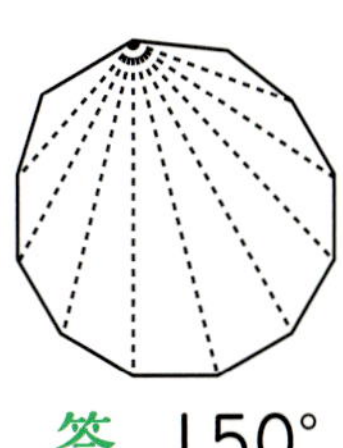

答 150°

三角形の外角

ポイント

- **三角形の外角は内角の和を利用して求める。**
- **内角＋外角＝ 180°**

内角をつくる２辺のうち、一方をまっすぐにのばしたとき、外側にできる角を外角といいます。

外角▲＝内角□＋内角○
内角△＋外角▲＝ 180°

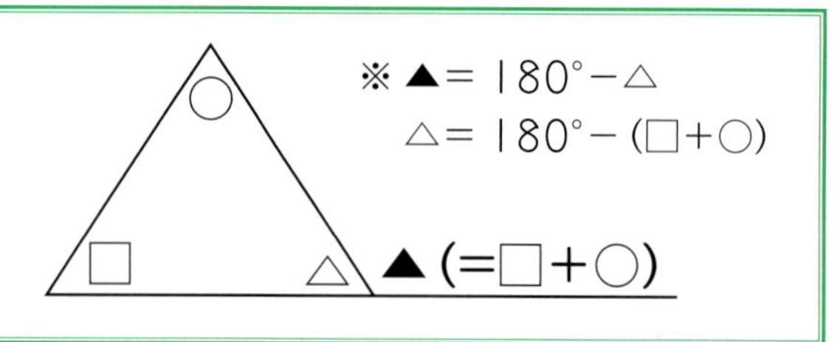

例題　次の角度を求めましょう。

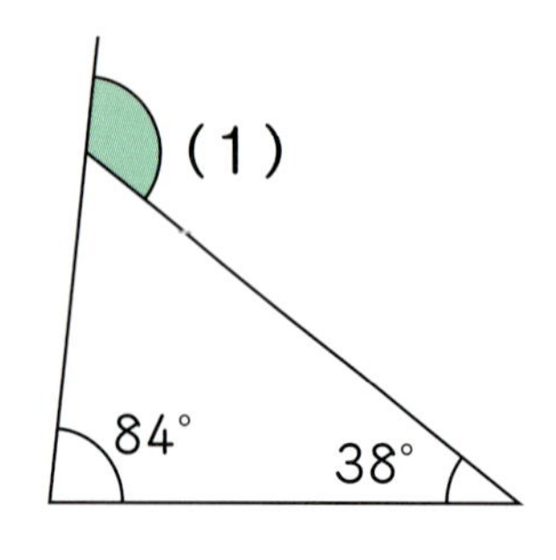

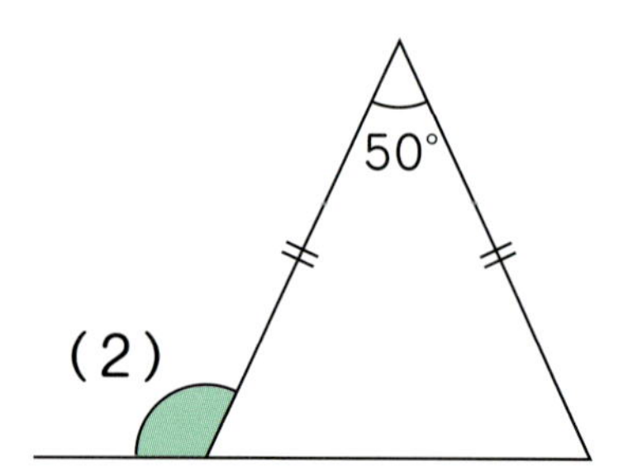

解き方

(1)　84°＋38°＝122°

答　122°

(2)　二等辺三角形なので、
(180°－50°)÷2＝65°
180°－65°＝115°

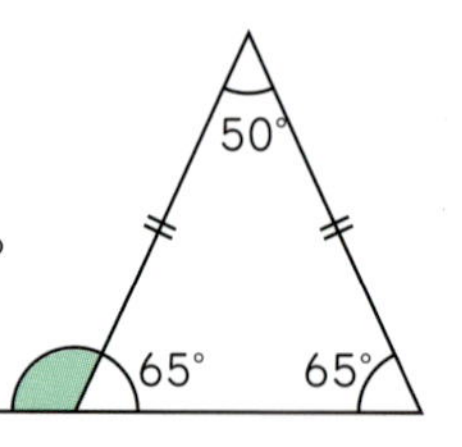

答　115°

円の性質

ポイント

- **円の中心から円周上にのびる線分を半径という。**
- **直径＝半径× 2**

平面の世界では、ある点から等しい距離にある点が無数に集まると円になります。円には角（かど）が無く、今まで学んだ図形とは少し違った性質があります。

円周：円の周りの長さ。円の中心から等しい距離にある点の集まり。

半径：円の中心から円周上にのびる線分。

直径：円の中心を通り、円周上の 2 つの点を結ぶ線分。円の中でもっとも長く引ける線。

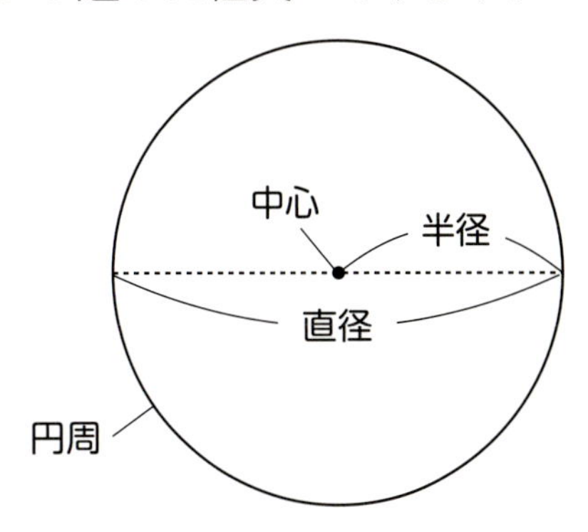

直径＝半径× 2

例題 直径が 16cm の大きい円があり、その中に小さい円があります。小さい円の直径を求めましょう。ただし、2 つの円は中心が同じです。

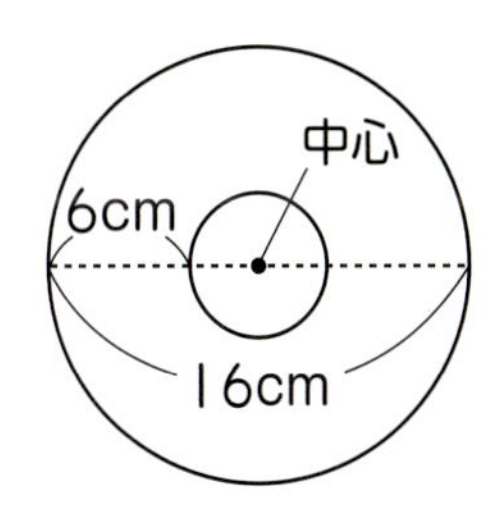

解き方

大きい円の半径は $16 \div 2 = 8$ (cm)。

小さい円の半径は $8 - 6 = 2$ (cm)。

よって小さい円の直径は $2 \times 2 = 4$ (cm)。

答 4cm

量の単位

ポイント

- **単位（大）→単位（小）の変換では数は大きくなる。**
- **単位（小）→単位（大）の変換では数は小さくなる。**

長さはm（メートル）、面積はm^2（平方メートル）、体積はℓ（リットル）やm^3（立方メートル）などが基本の単位です。基本の単位にm（ミリ、$\frac{1}{1000}$倍）、c（センチ、$\frac{1}{100}$倍）、d（デシ、$\frac{1}{10}$倍）、h（ヘクト、100倍）、k（キロ、1000倍）という意味のアルファベットを添えて単位がつくられています。

重さの単位

4℃の蒸留水1ℓの重さを1kgとしたのが最初です。気圧などの影響がない白金の合金で同じ重さがつくられ、他の単位も決められました。

	t ［トン］	kg ［キログラム］	g ［グラム］	mg ［ミリグラム］
1tは…	1	1000	1000000	1000000000
1kgは…	0.001	1	1000	1000000
1gは…	0.000001	0.001	1	1000
1mgは…	／	0.000001	0.001	1

※あまり使わないものは「／」としています。

例題 次の重さを（　）の中の単位で表しましょう。

（1）38051g（kg）　　（2）0.95kg（g）

解き方

(1) g を kg にすると、数は $\frac{1}{1000}$ 倍。
38051g = 38.051kg

答 38.051kg

(2) kg を g にすると、数は 1000 倍。
0.95kg = 950g

答 950g

長さの単位

北極から赤道までの距離の 1000 万分の 1 の長さを 1m と決めたのがメートルの誕生のきっかけです。現在では光の進む距離から正確に測ります。

	km [キロメートル]	m [メートル]	cm [センチメートル]	mm [ミリメートル]
1km は…	1	1000	100000	1000000
1m は…	0.001	1	100	1000
1cm は…	0.00001	0.01	1	10
1mm は…	0.000001	0.001	0.1	1

例題 次の長さを（ ）の中の単位で表しましょう。

（1） 152mm（cm）　（2） 0.608km（m）

解き方

(1) mm を cm にすると、数は $\frac{1}{10}$ 倍。
152mm = 15.2cm

答 15.2cm

(2) km を m にすると、数は 1000 倍。
0.608km = 608m

答 608m

面積の単位

面積（図形の大きさ）の単位は、土地の広さなどを表すときに用います。a（アール）は ラテン語の area（エリア）（広場、空き地の意味）が語源です。

	km² ［平方キロメートル］	ha ［ヘクタール］	a ［アール］	m² ［平方メートル］	cm² ［平方センチメートル］
1km²は…	1	100	10000	1000000	10000000000
1haは…	0.01	1	100	10000	100000000
1aは…	0.0001	0.01	1	100	1000000
1m²は…	0.000001	0.0001	0.01	1	10000
1cm²は…	／	／	0.000001	0.0001	1

※1km²＝1辺が1kmの正方形の面積、1ha＝1辺が100mの正方形の面積、1a＝1辺が10mの正方形の面積、1m²＝1辺が1mの正方形の面積、1cm²＝1辺が1cmの正方形の面積

※正方形の面積→65ページ

※あまり使わないものは「／」としています。

例題 次の面積を（　）の中の単位で表しましょう。

（1） 5600cm²（m²）　　（2） 1.03ha（m²）

解き方

（1） cm²をm²にすると、数は $\frac{1}{10000}$ 倍。

5600cm² ＝ 0.56m²

答 0.56m²

（2） haをm²にすると、数は10000倍。

1.03ha ＝ 10300m²

答 10300m²

！ 1ha ＝ 100m × 100 mの正方形の面積。

体積（容積）の単位

物の占める量・かさのことを「体積」、容器の中に入る量のことを「容積」といいます。通常、個体には m^3 や cm^3、液体には ℓ や mℓ などを使います。

	m^3 [立方メートル] / kℓ [キロリットル]	ℓ [リットル]	dℓ [デシリットル]	cm^3 [立方センチメートル] / mℓ [ミリリットル]
$1m^3$（1kℓ）は…	1	1000	10000	1000000
1ℓは…	0.001	1	10	1000
1dℓは…	0.0001	0.1	1	100
$1cm^3$（1mℓ）は…	0.000001	0.001	0.01	1

※1 m^3（または 1kℓ）＝1 辺が 1m の立方体の体積、1ℓ＝1 辺が 10cm の立方体の体積、1 cm^3（または 1mℓ）＝1 辺が 1cm の立方体の体積

※立方体の体積→ 72 ページ

※このほかにcc（シーシー）があります。1cc＝1cm^3 です。

例題 次の体積を（　）の中の単位で表しましょう。

（1）29.4mℓ（dℓ）　　（2）5.37kℓ（ℓ）

解き方

（1）mℓをdℓにすると、数は $\frac{1}{100}$ 倍。
29.4mℓ＝0.294dℓ

答 0.294dℓ

（2）kℓをℓにすると、数は 1000 倍。
5.37kℓ＝5370ℓ

答 5370ℓ

三角形の面積

ポイント

- **計算の前に「単位」をそろえる。**
- **三角形の面積 ＝ 底辺 × 高さ ÷ 2**

面積は cm^2 や m^2 などの単位で表します。いろいろな三角形がありますが、どんな三角形も面積を求める公式は同じです。

公式

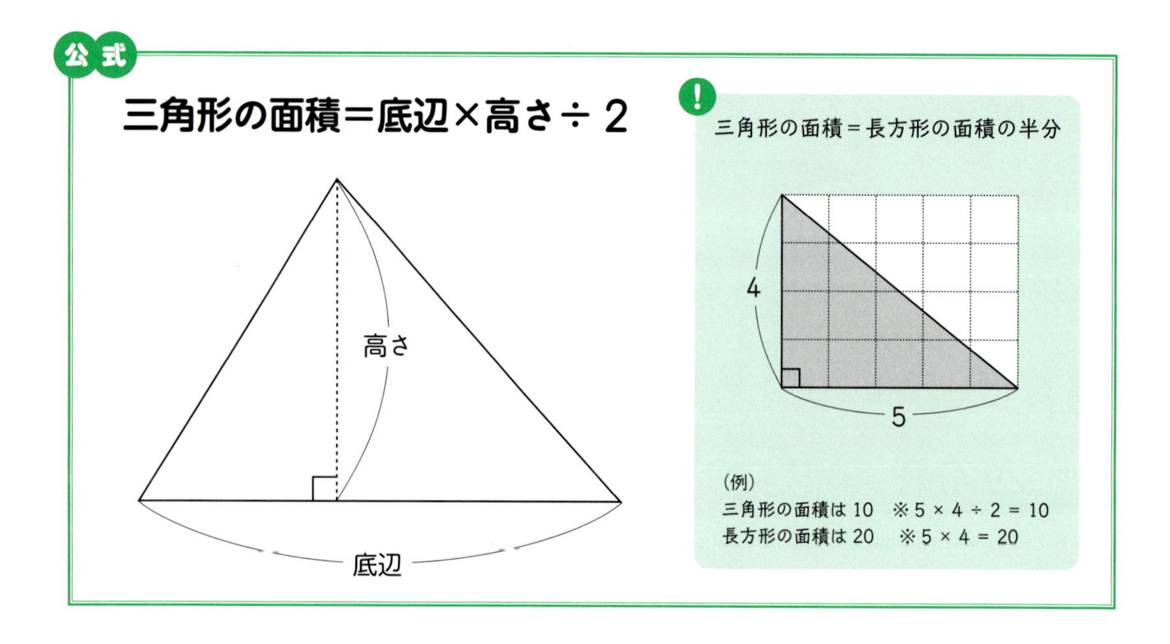

例題 次の面積を求めましょう。

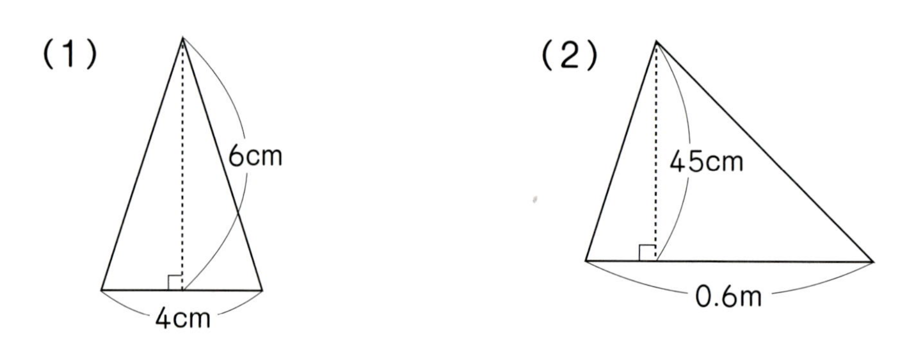

解き方

(1) $4 \times 6 \div 2 = 12$ 　　答 12cm^2

(2) $0.6\text{m} = 60\text{cm}$ なので
$60 \times 45 \div 2 = 1350$

計算の前に、単位をcmにそろえる。

答 1350cm^2

底辺と高さが等しい三角形は面積が等しい。

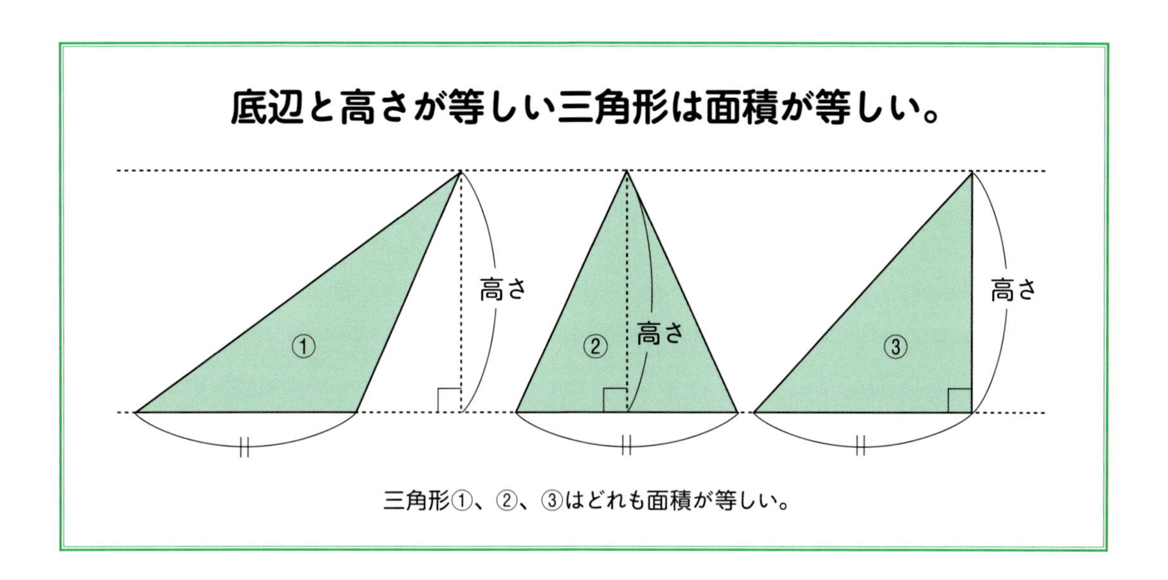

三角形①、②、③はどれも面積が等しい。

例題 色の付いた部分の面積を求めましょう。

(1)

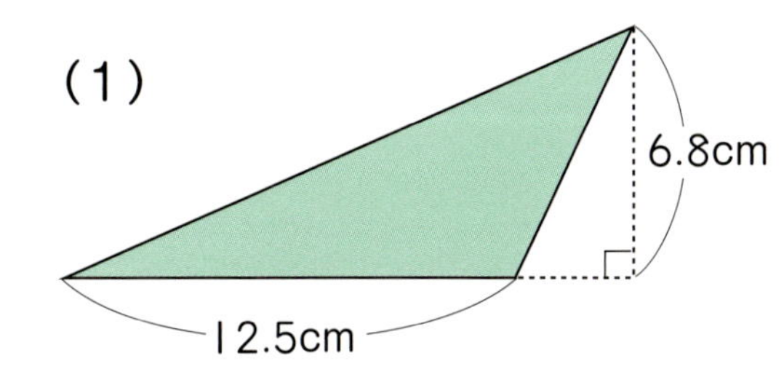

(2)

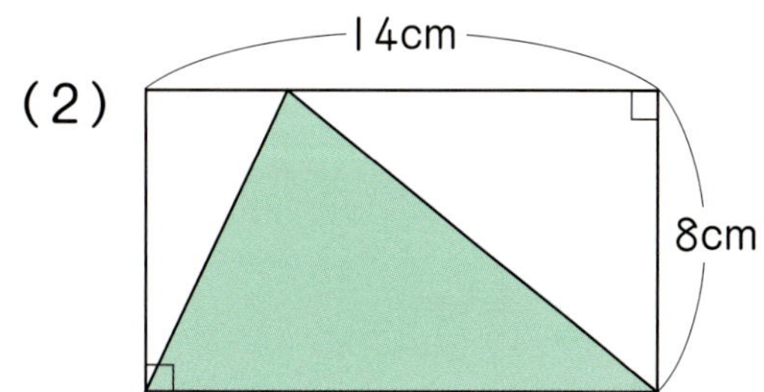

解き方

(1) $12.5 \times 6.8 \div 2 = 42.5$ 　　答 42.5cm^2

(2) 底辺が14cm、高さが8cmなので
$14 \times 8 \div 2 = 56$

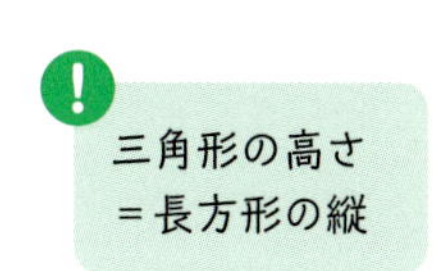

答 56cm^2

Part 1 数と計算
Part 2 図形
Part 3 数量

四角形の面積

ポイント

- **長方形の面積＝縦×横、正方形の面積＝一辺×一辺**
- **平行四辺形の面積＝底辺×高さ**
- **ひし形の面積＝対角線×対角線÷２**
- **台形の面積＝（上底＋下底）×高さ÷２**

三角形とは違って、四角形は種類によって面積を求める公式が違います。いろいろな四角形の面積を求めましょう。

公式

長方形の面積＝縦×横

横
縦

例題　次の面積を求めましょう。

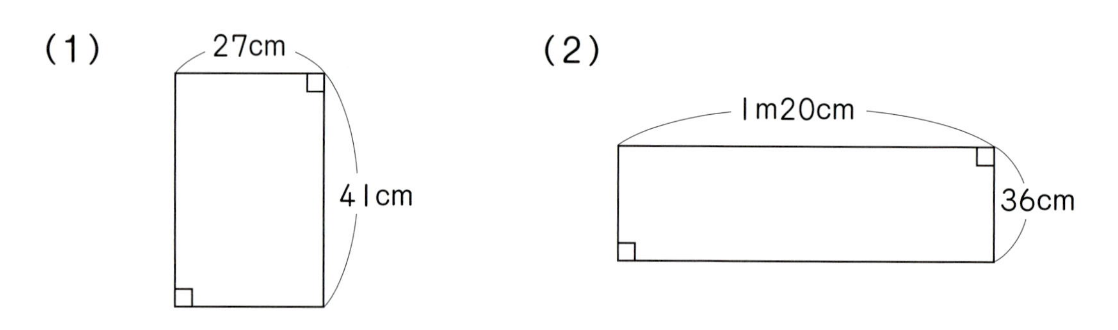

解き方

（1）　$41 \times 27 = 1107$　　答　$1107cm^2$

（2）　$36 \times 120 = 4320$　　答　$4320cm^2$

！ 1m20cm = 120cm

公式

正方形の面積＝一辺×一辺

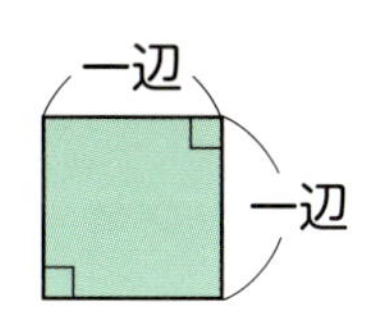

平行四辺形の面積＝底辺×高さ

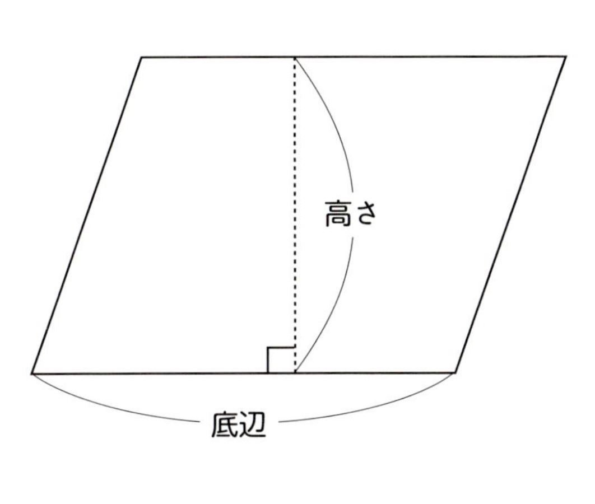

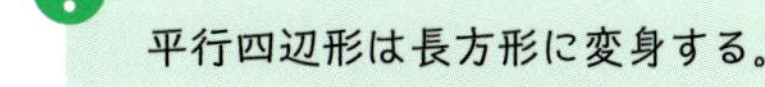

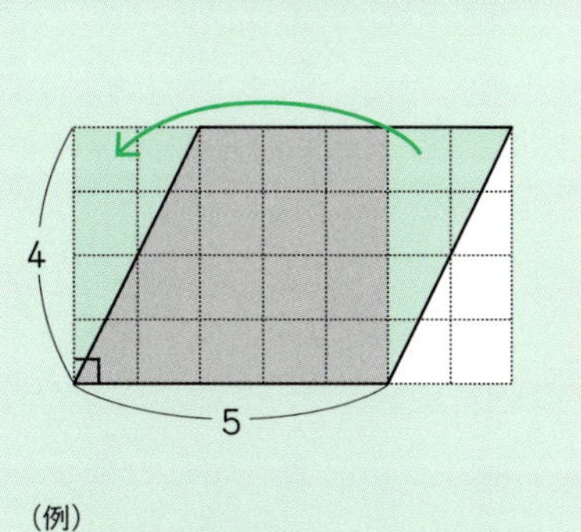

（例）
平行四辺形の面積は 20　※5 × 4 = 20
長方形の面積は 20　※4 × 5 = 20

例題　次の面積を求めましょう。

（1）

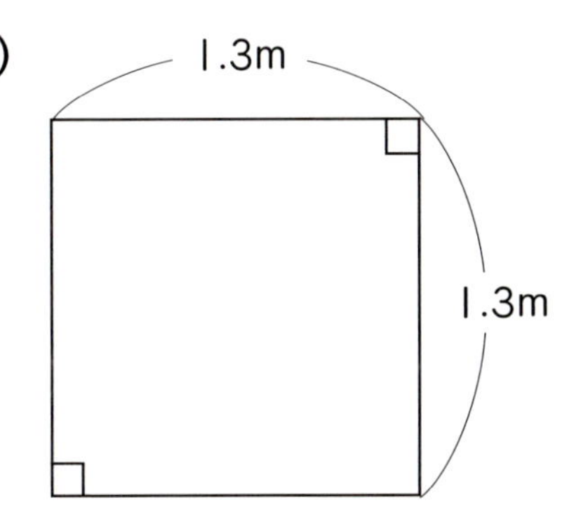

（2）

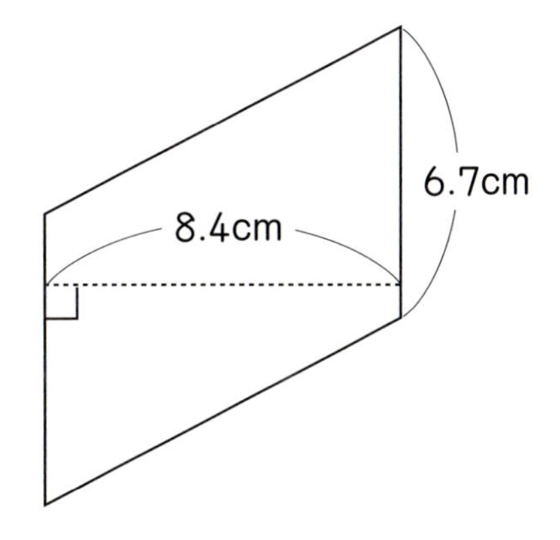

解き方

（1）　$1.3 \times 1.3 = 1.69$　　答　1.69m^2

（2）　$6.7 \times 8.4 = 56.28$　　答　56.28cm^2

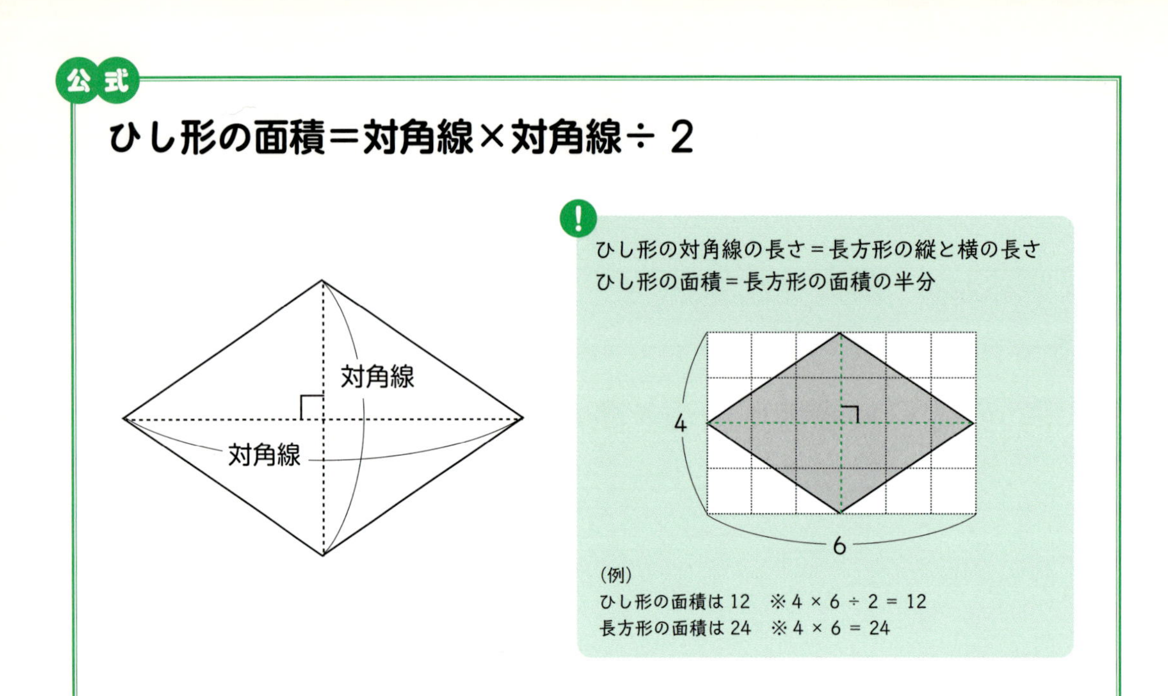

公式
ひし形の面積＝対角線×対角線÷２
対角線
対角線
ひし形の対角線の長さ＝長方形の縦と横の長さ
ひし形の面積＝長方形の面積の半分
4
6
（例）
ひし形の面積は 12　※4 × 6 ÷ 2 ＝ 12
長方形の面積は 24　※4 × 6 ＝ 24

例題　次の面積を求めましょう

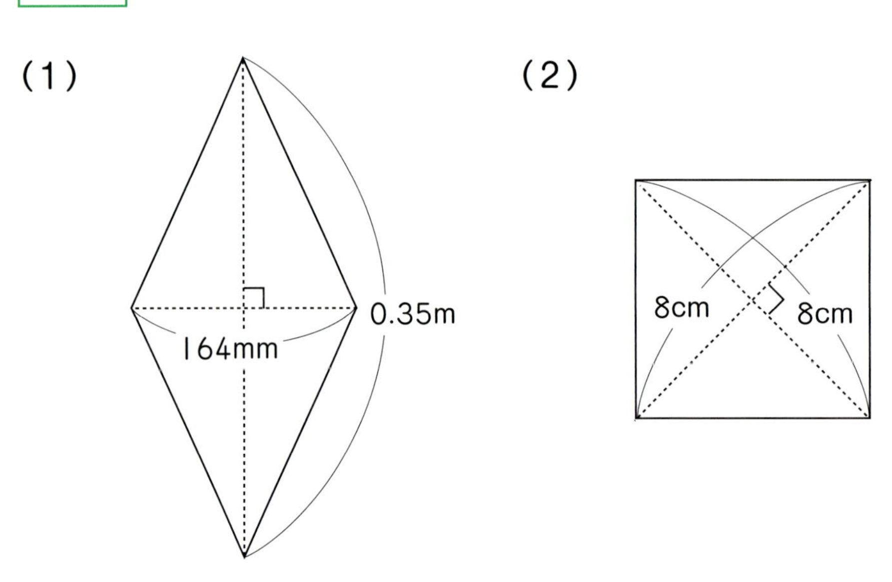

解き方

（1）　0.35m ＝ 35cm、164mm ＝ 16.4cm なので
$35 \times 16.4 \div 2 = 287$

答　287cm^2

（2）　$8 \times 8 \div 2 = 32$

対角線の長さが等しく
直交している＝正方形

答　32cm^2

台形の面積＝(上底＋下底)×高さ÷２

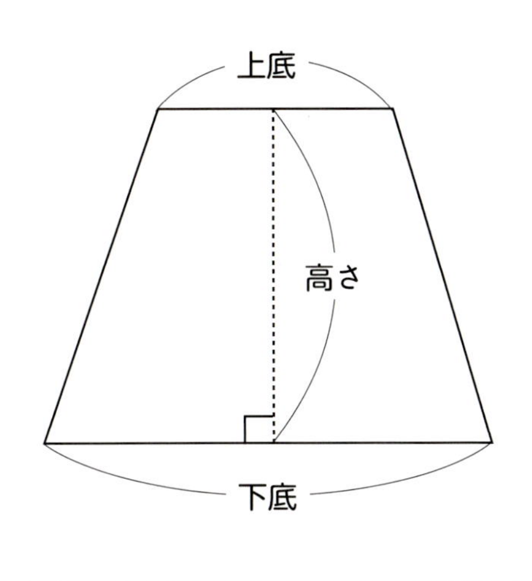

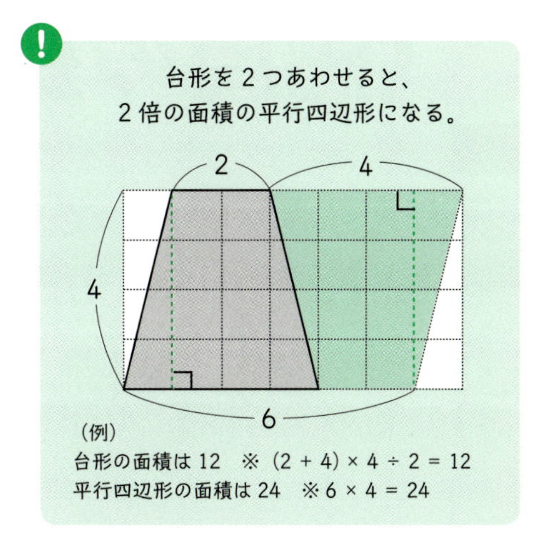

台形を２つあわせると、
２倍の面積の平行四辺形になる。
2
4
4
6
(例)
台形の面積は 12　※ (2 + 4) × 4 ÷ 2 = 12
平行四辺形の面積は 24　※ 6 × 4 = 24

例題　次の面積を求めましょう

(1)

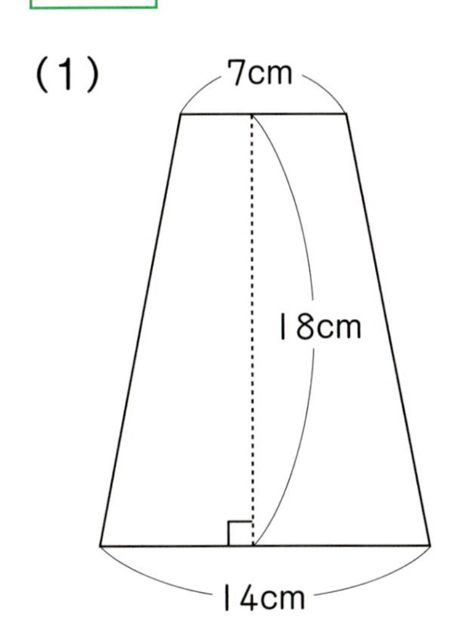

(2)

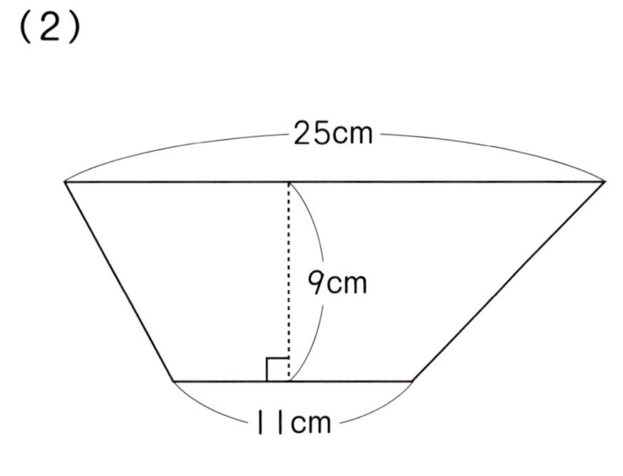

解き方

(1)　$(7+14)\times 18\div 2=189$　　答　189cm^2

(2)　$(25+11)\times 9\div 2=162$　　答　162cm^2

Part 1 数と計算
Part 2 図形
Part 3 数量

円（円周の長さ、面積）

ポイント

- **円の大きさが変わっても、直径と円周の比率（円周率）の値は変わらない。**
- **円周率（3.14）＝円周÷直径**
- **円の面積＝半径×半径×円周率（3.14）**

直径と円周の比率を「円周率」といいます。円の大きさが変わっても円周率の値は変わりません。円周率は3.141592653……と小数点以下が無限に続くため、およその値で「3.14」と表します。

円周率：円周の長さの直径の長さに対する比率。

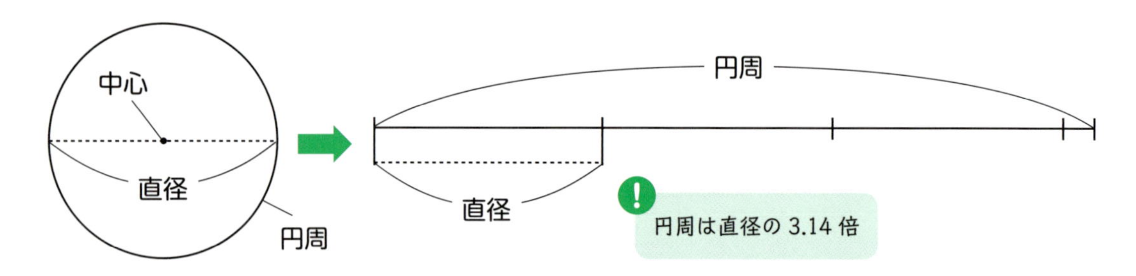

公式

円周率（3.14）＝円周÷直径

円周の長さ

公式

円周＝直径×円周率（3.14）

例題 次の円周の長さを求めましょう。

(1)

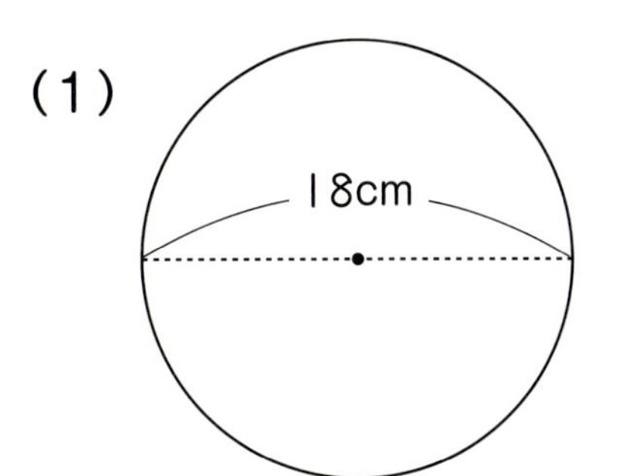

(2)

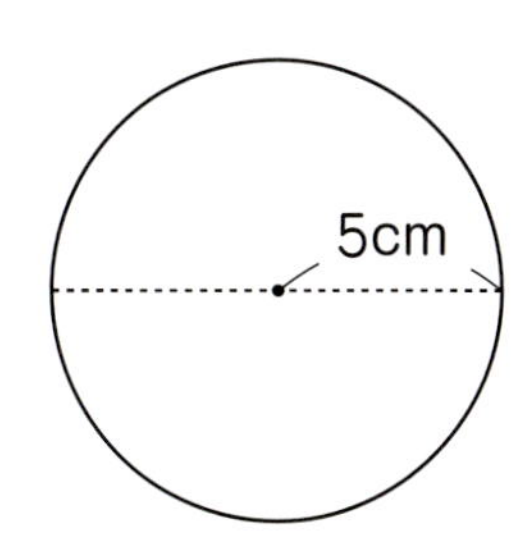

解き方

(1) $18 \times 3.14 = 56.52$ 答 56.52cm

(2) 半径が 5cm なので直径は 10cm。

直径＝半径×2

$10 \times 3.14 = 31.4$ 答 31.4cm

円の面積

円の面積＝半径×半径×円周率(3.14)

例題 次の面積を求めましょう。

(1)

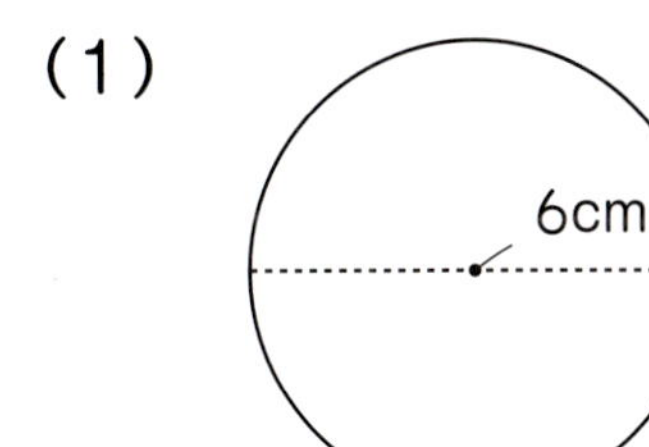

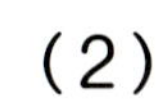

(2)

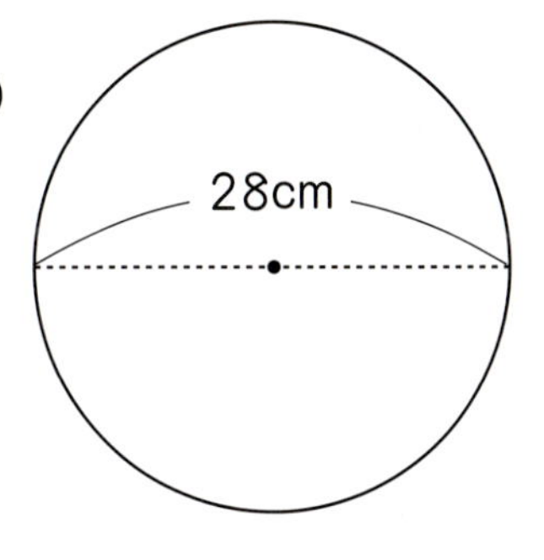

解き方

(1) $6 \times 6 \times 3.14 = 113.04$ 答 113.04cm^2

(2) 直径が 28cm なので半径は 14cm。

$14 \times 14 \times 3.14 = 615.44$ 答 615.44cm^2

おうぎ形（弧の長さ、面積）

ポイント

- おうぎ形の弧の長さ ＝ 円周 × $\frac{中心角}{360°}$
- おうぎ形の面積 ＝ 円の面積 × $\frac{中心角}{360°}$

おうぎ形の弧の長さや面積は、円をもとに考えます。

おうぎ形：２つの半径と弧で囲まれた、円の一部分の形。
中心角：２つの半径がなす角度。
弧　：おうぎ形の周のうち、円周（曲線）の部分。

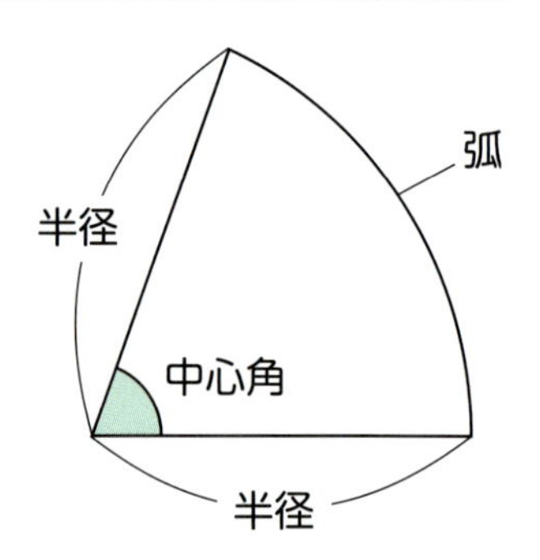

おうぎ形の弧の長さ、周の長さ

公式

おうぎ形の弧の長さ ＝ 直径 × 円周率（3.14）× $\frac{中心角}{360°}$
（直径 × 円周率（3.14）＝ 円周）

おうぎ形の周の長さ＝弧の長さ＋半径×２

例題 次のおうぎ形の周の長さを求めましょう。

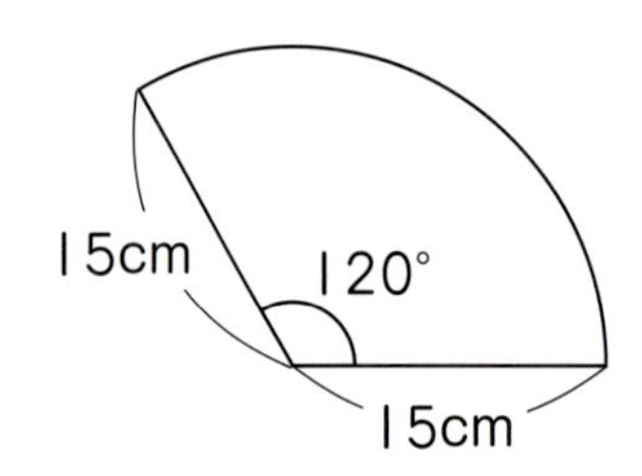

解き方

$$15 \times 2 \times 3.14 \times \frac{120°}{360°} + \underset{\sim\sim\sim}{15 \times 2} = 30 \times 3.14 \times \frac{1}{3} + 30$$

$$= 61.4$$

!
「半径×2」を忘れずにたすこと。

答 61.4cm

おうぎ形の面積

公式

おうぎ形の面積 ＝ 半径×半径×円周率(3.14)× $\frac{中心角}{360°}$

（半径×半径×円周率(3.14)：円の面積）

例題 次の面積を求めましょう。

(1)

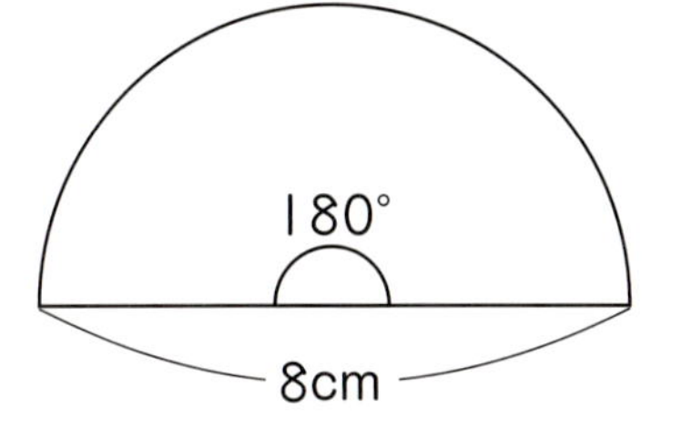

(2)

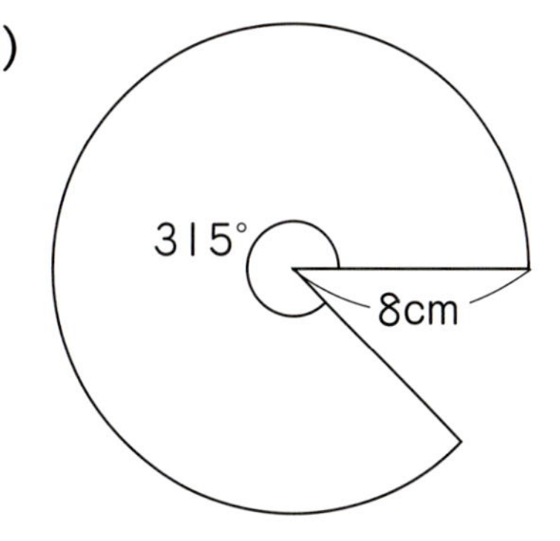

解き方

(1) $4 \times 4 \times 3.14 \times \frac{180°}{360°} = 16 \times 3.14 \times \frac{1}{2}$

$= 25.12$

答 25.12cm^2

(2) $8 \times 8 \times 3.14 \times \frac{315°}{360°} = 64 \times 3.14 \times \frac{7}{8}$

$= 175.84$

答 175.84cm^2

角柱・円柱の体積

ポイント

・角柱・円柱の体積 ＝ 底面積 × 高さ

平面上の図形に対し、高さがあり空間的な広がりをもつ図形を「立体」といいます。立体的な図形のうち、角柱・円柱とよばれる図形の体積は「底面積×高さ」で求めます。

角柱：底面が多角形の柱体。

円柱：底面が円の柱体。

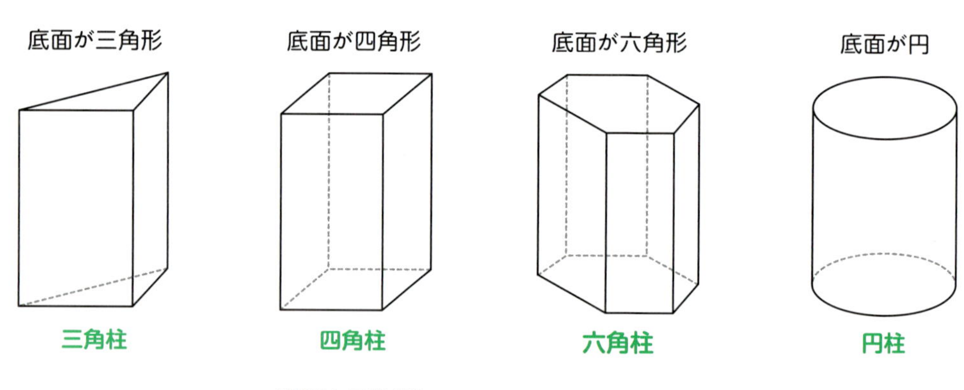

〈特別な四角柱〉

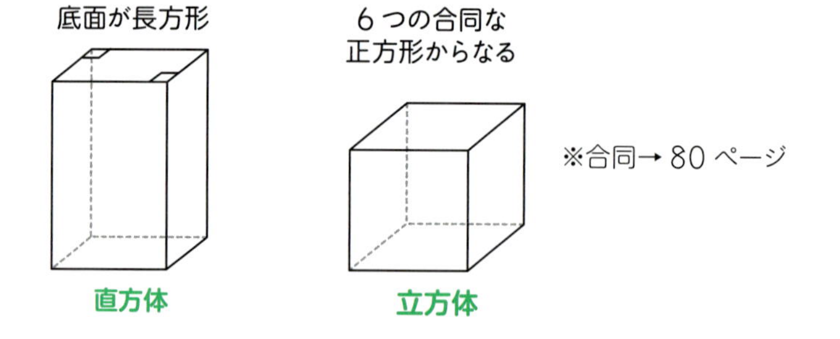

※合同→80ページ

公式

角柱・円柱の体積 ＝ 底面積 × 高さ

例題 次の体積を求めましょう。

(1)

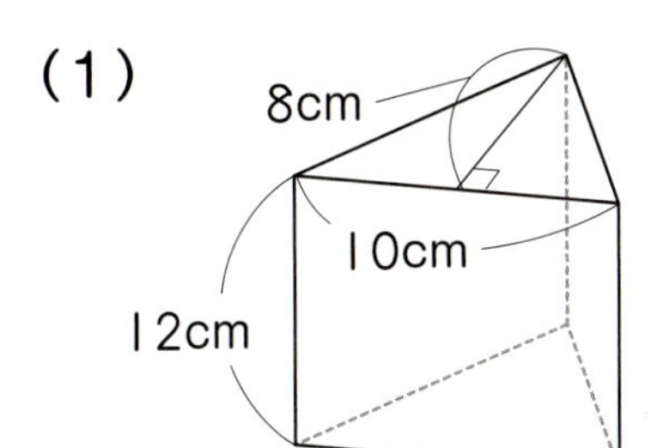

(2)

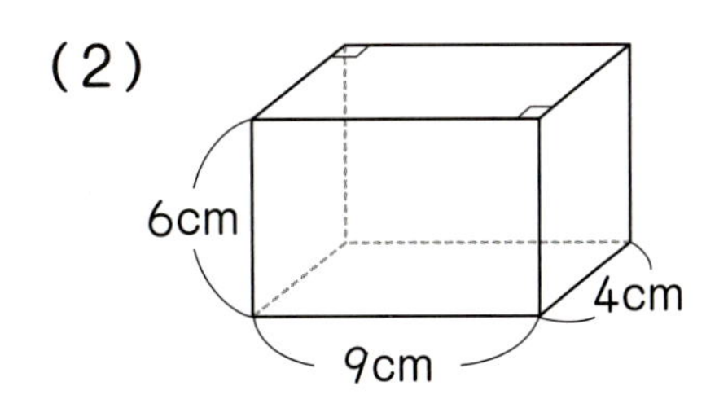

(3)

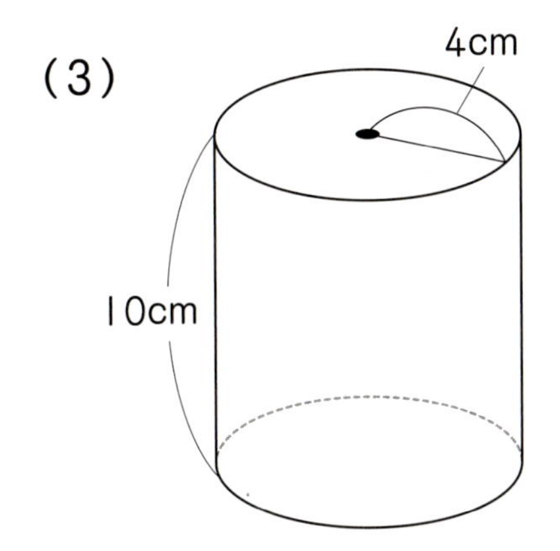

(4)

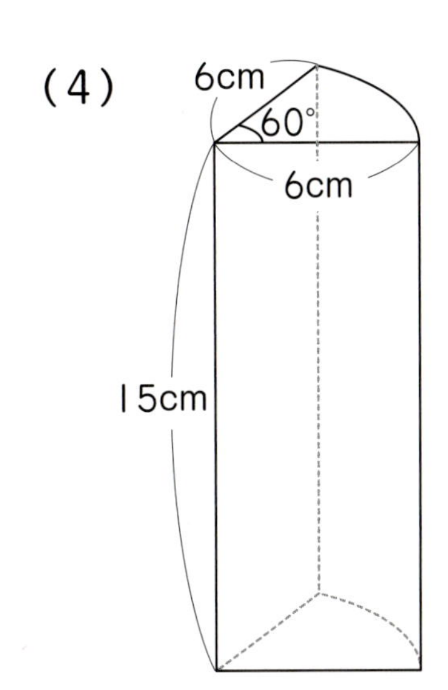

解き方

(1) $10 \times 8 \div 2 \times 12 = 480$

底面積（底面は三角形）

答 480cm³

(2) $4 \times 9 \times 6 = 216$

底面積（底面は長方形）

答 216cm³

(3) $4 \times 4 \times 3.14 \times 10 = 502.4$

底面積（底面は円）

答 502.4cm³

(4) $6 \times 6 \times 3.14 \times \frac{60°}{360°} \times 15 = 282.6$

底面積（底面はおうぎ形）

答 282.6cm³

Part 1 数と計算

Part 2 図形

Part 3 数量

角柱・円柱の表面積

ポイント

- **角柱・円柱の表面積 ＝ 側面積 ＋ 底面積 × 2**
- **角柱・円柱の側面積 ＝ 高さ × 底面の周の長さ**

角柱・円柱などの立体は平面を組み合わせてできています。ですから、角柱・円柱の表面積は展開図の面積と同じです。表面積を考えるときは展開図を想像できるようになりましょう。

側面積：立体の側面の面積。

底面積：立体の底面の面積。

公式

角柱・円柱の表面積 ＝ 側面積 ＋ 底面積 × 2

角柱・円柱の側面積 ＝ 高さ × 底面の周の長さ

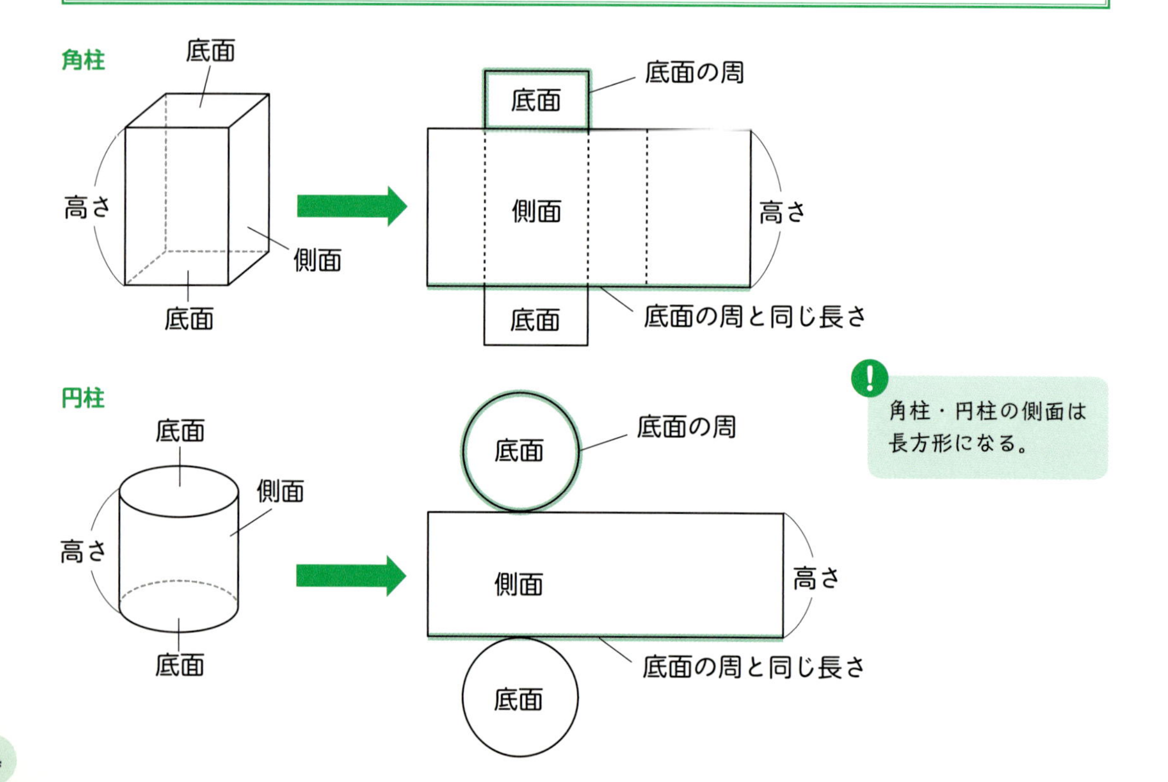

例題　次の表面積を求めましょう。

(1)

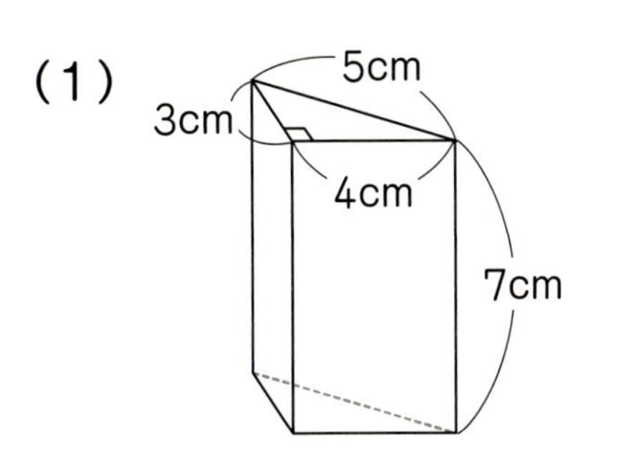

(2)

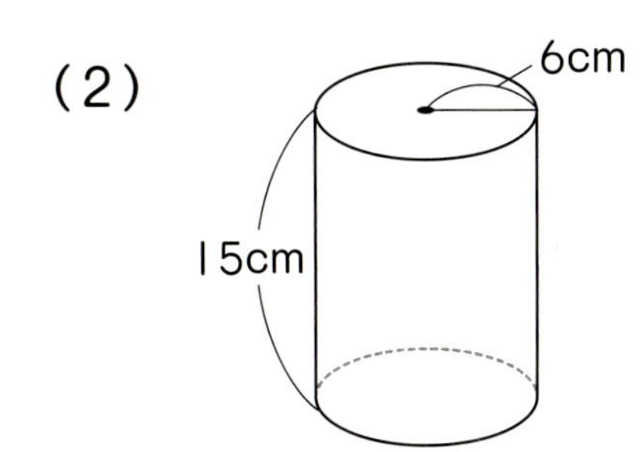

解き方

(1) $(3+4+5)\times 7+3\times 4\div 2\times 2=84+12$

底面の周の長さ／側面積／底面積

$=96$

答　$96cm^2$

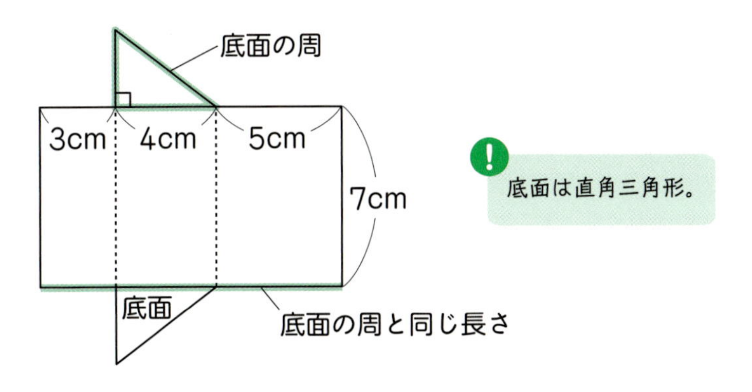

(2) $(6\times 2\times 3.14)\times 15+6\times 6\times 3.14\times 2=565.2+226.08$

底面の周の長さ／側面積／底面積

$=791.28$

答　$791.28cm^2$

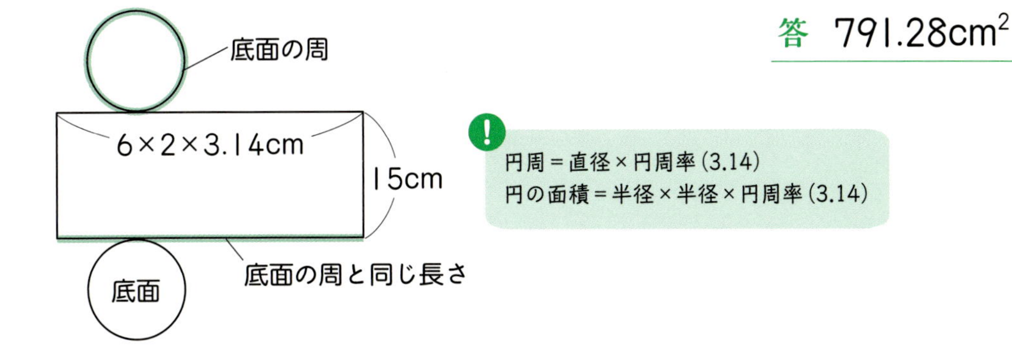

Part 1 数と計算
Part 2 図形
Part 3 数量

角すい・円すいの体積

ポイント

- **角すい・円すいの体積 ＝ 底面積 × 高さ ÷ 3**

角すいや円すいはなじみが薄いかもしれませんが、これらの図形も日常生活の中で見ることができます。例えばピラミッドは四角すい、アイスのコーンは円すいです。角すい・円すいの体積は「底面積×高さ÷３」で求めます。

角すい：底面が多角形のすい体。

円すい：底面が円のすい体。

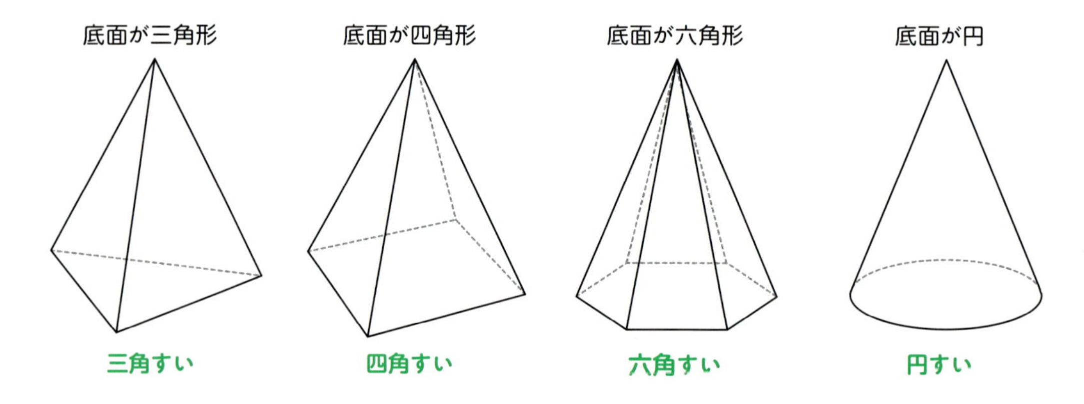

公式

角すい・円すいの体積 ＝ 底面積 × 高さ ÷ 3

例題 次の体積を求めましょう。

(1)

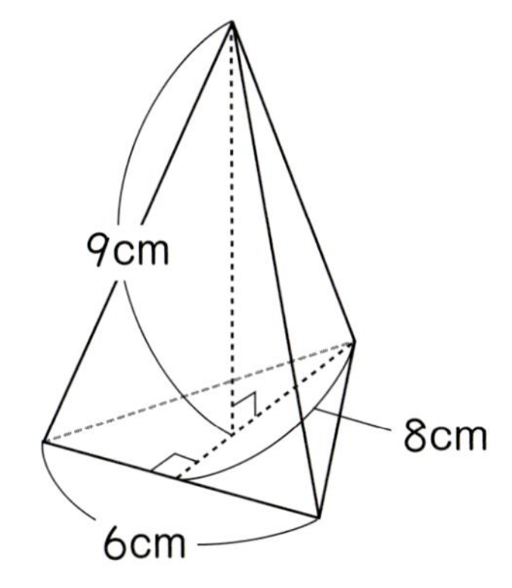

(2)

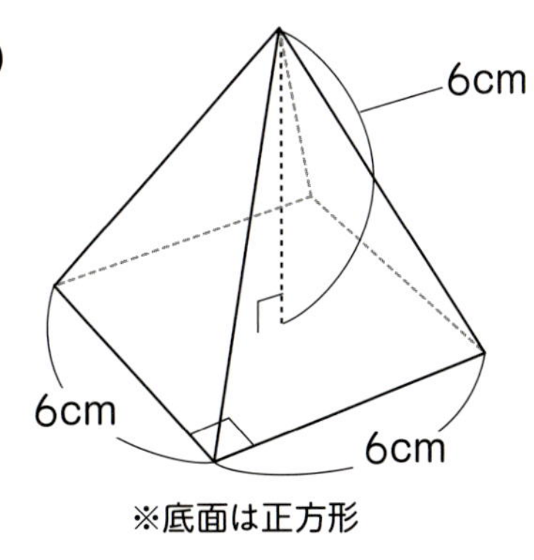

※底面は正方形

(3)

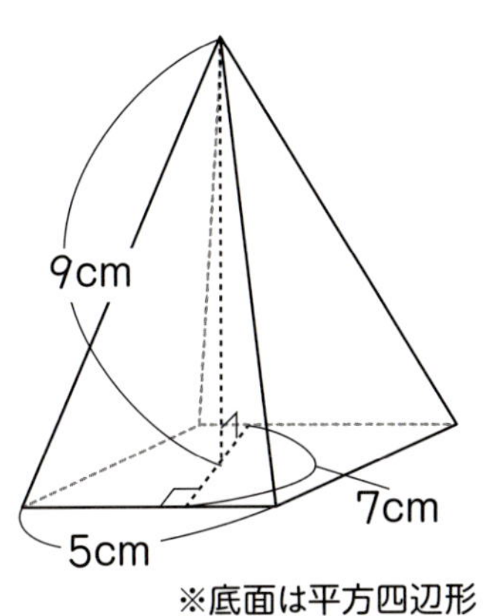

※底面は平方四辺形

(4)

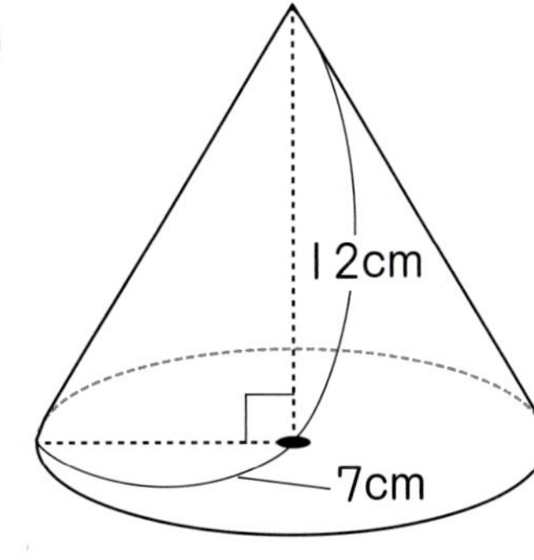

解き方

(1) $6 \times 8 \div 2 \times 9 \div 3 = 72$　　答 72cm^3

底面積（底面は三角形）

(2) $6 \times 6 \times 6 \div 3 = 72$　　答 72cm^3

底面積（底面は正方形）

(3) $5 \times 7 \times 9 \div 3 = 105$　　答 105cm^3

底面積（底面は平行四辺形）

平行四辺形の面積＝底辺×高さ

(4) $7 \times 7 \times 3.14 \times 12 \div 3 = 615.44$　　答 615.44cm^3

底面積（底面は円）

円の面積＝半径×半径×円周率（3.14）

角すい・円すいの表面積

ポイント

- **角すい・円すいの表面積 ＝ 側面積 ＋ 底面積**
- **角すいの側面の三角形の数 ＝ 底面の辺の数**
- **円すいの側面はおうぎ形。**

すい体の表面積も展開図で考えます。角すいの側面はいくつかの三角形からなり、円すいの側面はおうぎ形になります。

公式

角すい・円すいの表面積 ＝ 側面積 ＋ 底面積

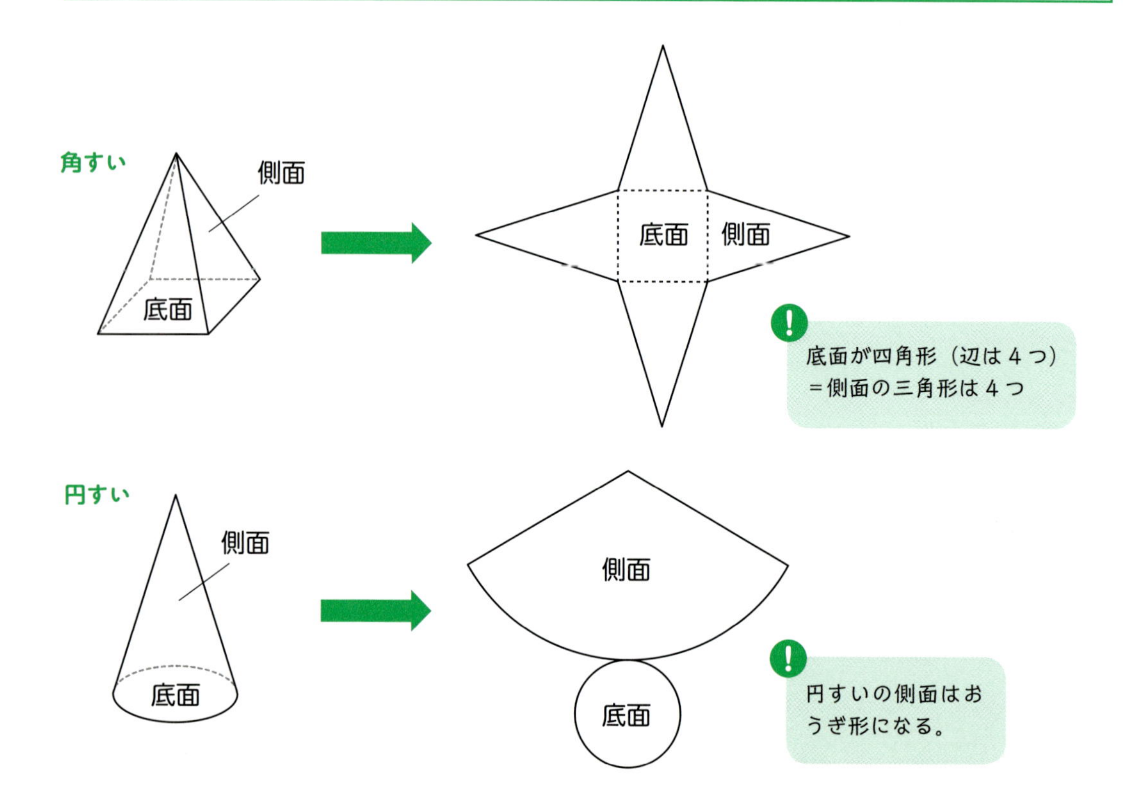

例 題　次の表面積を求めましょう。

(1)

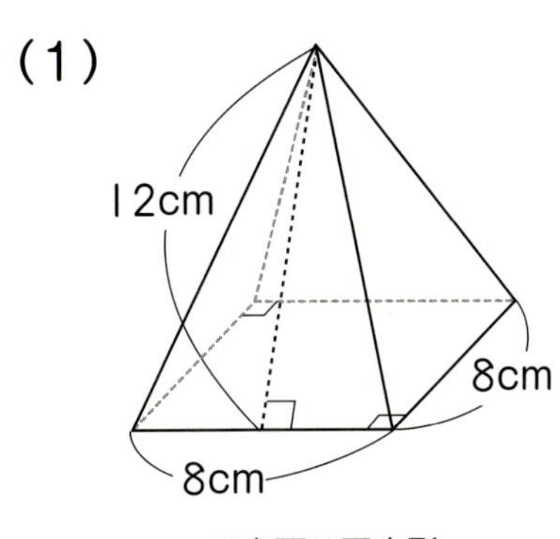

※底面は正方形

(2)

6cm
2cm

※中心角は 120°

解き方

(1) $(8 \times 12 \div 2) \times 4 + 8 \times 8 = 192 + 64$

側面積　底面積

$= 256$

答　256cm²

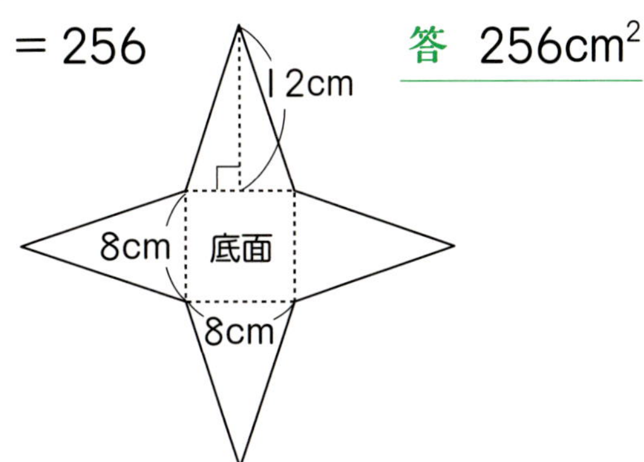

底面が四角形なので
側面の三角形は 4 つ。

(2) $6 \times 6 \times 3.14 \times \frac{120°}{360°} + 2 \times 2 \times 3.14 = 37.68 + 12.56$

側面積　底面積

$= 50.24$

答　50.24cm²

おうぎ形の面積＝円の面積×$\frac{中心角}{360°}$

円の面積＝半径×半径×円周率（3.14）

「底面の円周＝側面のおうぎ形の弧の長さ」

底面の円周　$= 2 \times 2 \times 3.14$

$= 12.56$

おうぎ形の弧　$= 6 \times 2 \times 3.14 \times \frac{120°}{360°}$

$= 2 \times 2 \times 3.14$

$= 12.56$

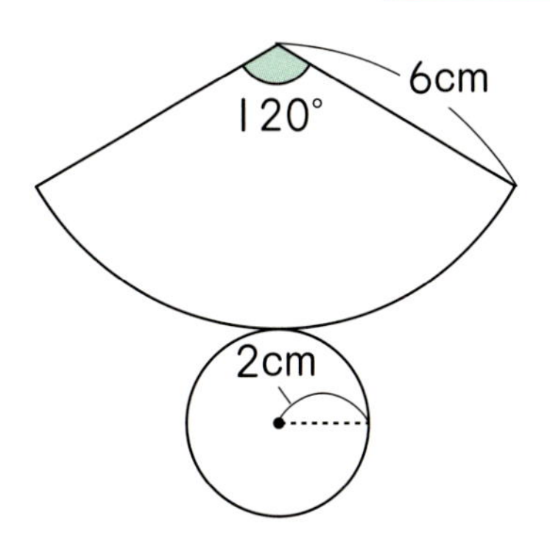

Part 1 数と計算
Part 2 図形
Part 3 数量

合同

ポイント

- **合同な図形は、対応する辺の長さが等しい。**
- **合同な図形は、対応する角の大きさが等しい。**

形も大きさも同じ 2 つの図形を合わせると、ぴったり重なります。そのような図形のことを「合同である」といいます。

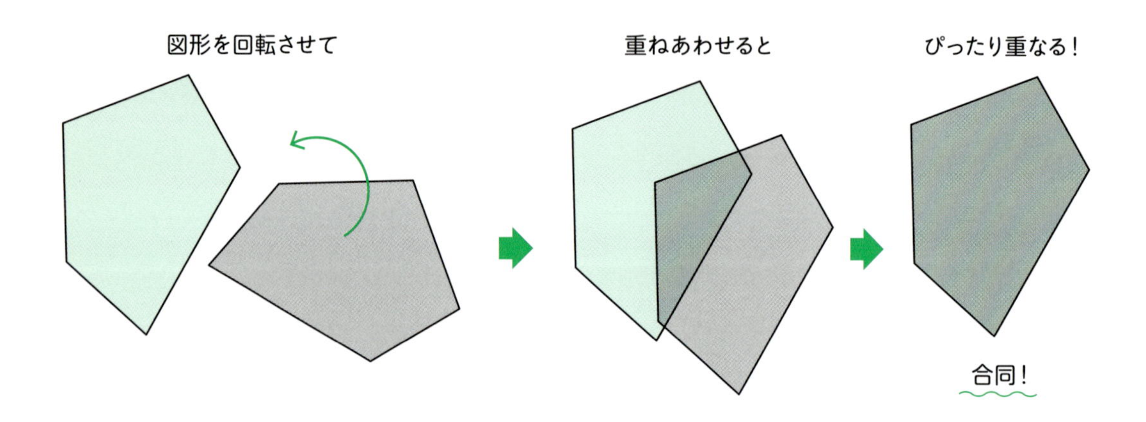

合同な図形の性質

- **対応する辺の長さが等しい。**
- **対応する角の大きさが等しい。**

三角形の合同

次の条件のいずれかをみたせば、それらの三角形は合同であるといえます。言いかえれば、このような三角形を書けばそれらは合同な三角形になります。

三角形の合同条件

① 3つの辺の長さが等しい
② 2つの辺の長さとその間の角の大きさが等しい
③ 1つの辺の長さとその両端の角の大きさが等しい

①
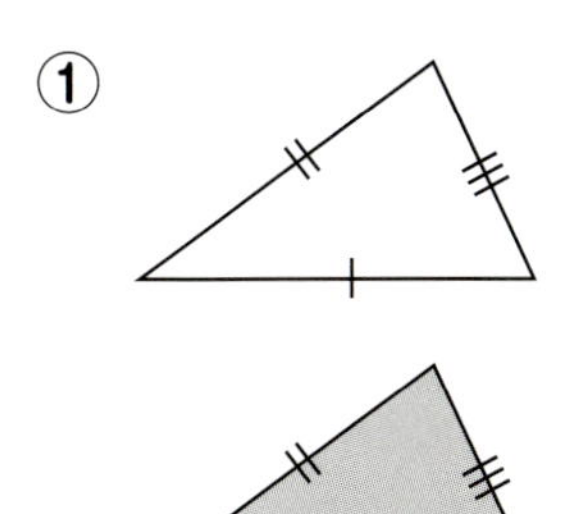
②
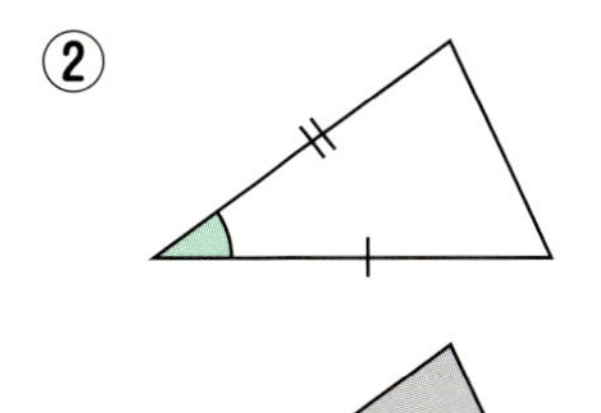
③
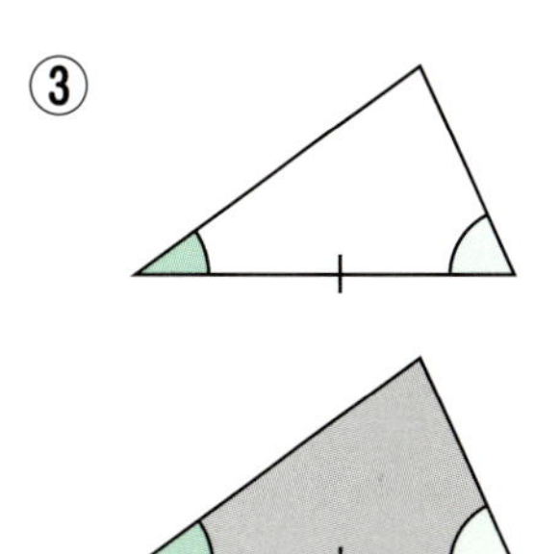

例題 以下の2つの四角形は合同です。対応する辺や角を求めましょう。

(1) 辺AB
(2) 辺BC
(3) 角A
(4) 角D

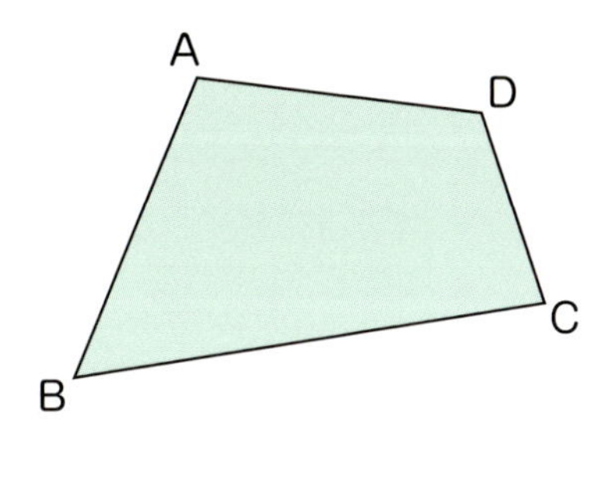

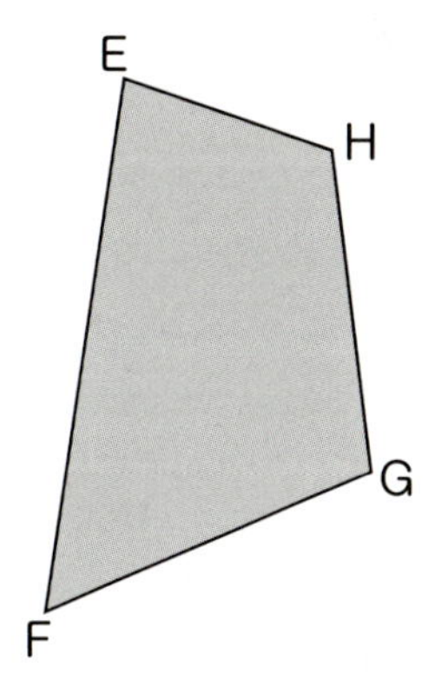

解き方

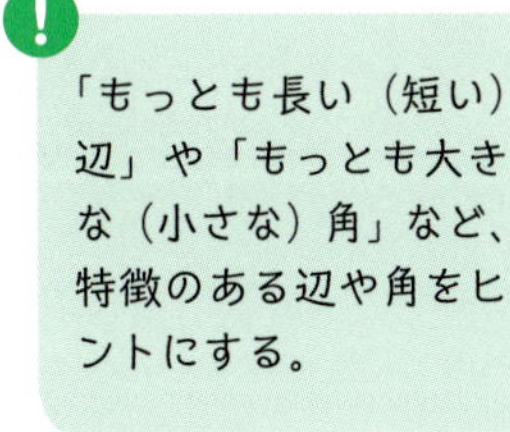

「もっとも長い（短い）辺」や「もっとも大きな（小さな）角」など、特徴のある辺や角をヒントにする。

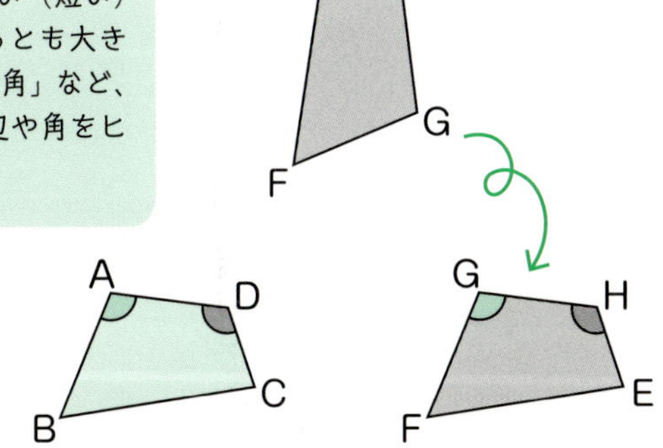

(1) 答 辺AB＝辺GF

(2) 答 辺BC＝辺FE

(3) 答 角A＝角G

(4) 答 角D＝角H

Part 1 数と計算
Part 2 図形
Part 3 数量

拡大と縮小、相似

ポイント

- **相似な図形では、対応する辺の長さの比はどれも等しい。**
- **相似な図形では、対応する角の大きさはそれぞれ等しい。**

もとの図形を形を変えずに大きくした図を「拡大図」、小さくした図を「縮図」といいます。相似な図形なら、相似比から辺の長さがわかります（「比の性質と表し方」、112 ページ）。

相　似：拡大や縮小をした図形は、もとの図形と「相似である」という。

相似比：拡大図・縮図（相似な図形）の対応する辺の長さの比。

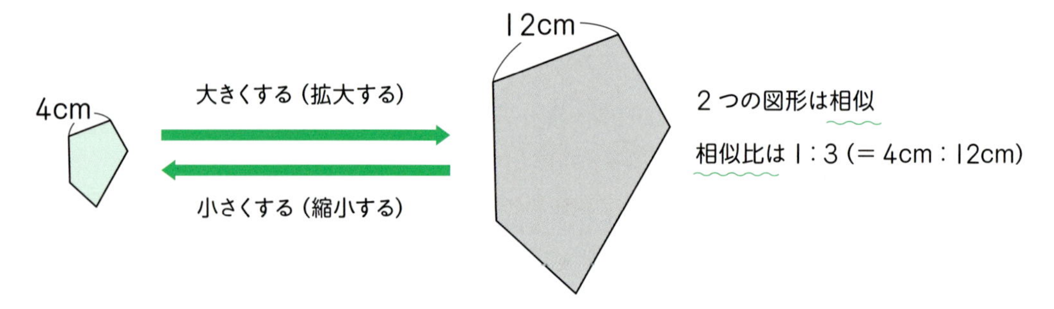

相似な図形の性質

- **対応する辺の長さの比（相似比）はどれも等しい。**
- **対応する角の大きさはそれぞれ等しい。**

三角形の相似

さらに三角形では 2 組の角が等しければ残りのもう 1 組の角も必ず等しくなるので、「2 組の角が等しければ相似である」といえます。

● 三角形 ABC と三角形 DEF は 2 組の角が等しいので相似である。

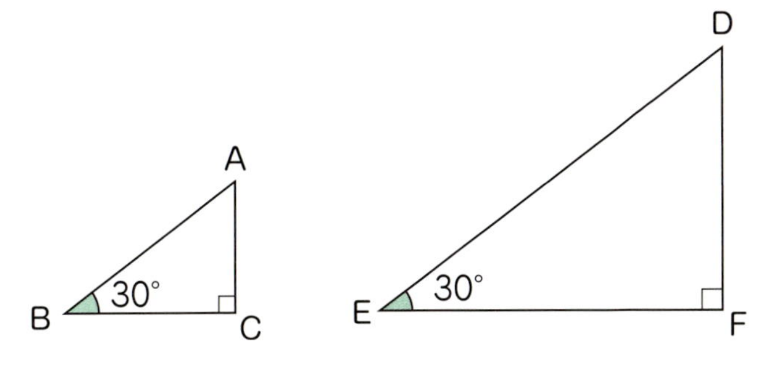

角 B ＝角 E ＝ 30°、角 C ＝角 F ＝ 90° なので、残りの角（角 A、角 D）はともに 60°。

「対応する角の大きさはそれぞれ等しい」ので相似。

例題 次の長さを求めましょう。

（1）辺 AD

（2）辺 DB

（3）辺 DE

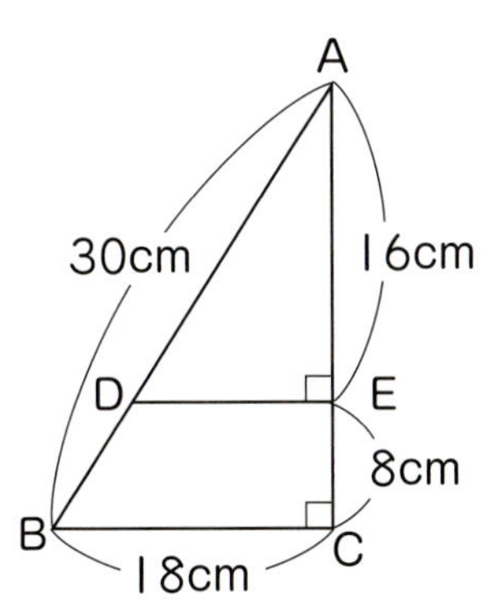

解き方

（1） 三角形 ABC と三角形 ADE は
対応する角の大きさがそれぞれ等しいので相似。

辺 AC ＝ 辺 AE ＋辺 EC
＝ 24 (cm)

三角形 ABC と三角形 ADE の相似比は
24 : 16 ＝ 3 : 2

3 : 2 ＝ 30 : 辺 AD
3 ×辺 AD ＝ 2 × 30
辺 AD ＝ 20

答 辺 AD は 20cm

（2） 辺 DB ＝ 辺 AB －辺 AD
＝ 10

答 辺 DB は 10cm

（3） 3 : 2 ＝ 18 : 辺 DE
3 ×辺 DE ＝ 2 × 18
辺 DE ＝ 12

答 辺 DE は 12cm

和算に挑戦①
鼻紙で木の高さを測る

江戸時代から明治時代にかけ、日本人が独自に研究・発展させてきた数学が「和算」です。和算の中には「相似」の性質を利用した問題があります。

例題 正方形の鼻紙を斜めに折って三角形にし、これに小石をぶら下げて、立てた辺が地面に垂直になるように保ちつつ、斜辺の延長線上に木の頂点が見える位置まで移動しました。この場所が木の根から7間の距離だった場合、木の高さは何間ですか。鼻紙は地面から半間（0.5間）の高さに持っているとします。（『塵劫記（じんこうき）』）

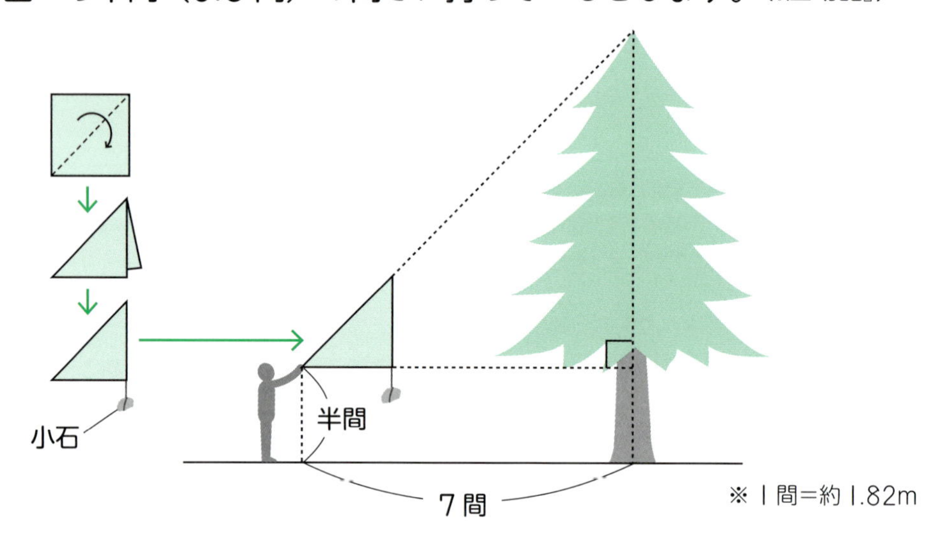

解き方

三角形ABCと三角形ADEは相似なので、
三角形ADEも直角二等辺三角形だから
DE = DA = 7。
よって木の高さEHは、
EH = DE + DH = 7 + 0.5 = 7.5　**答** 7.5間

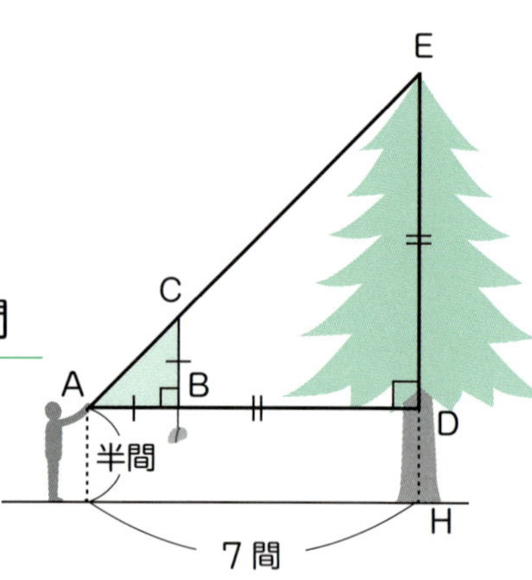

！ 直角二等辺三角形：2辺の長さが等しく、その間の角が直角

！ 鼻紙を持っている高さを忘れずに！

例題 先ほどの問題と同じ方法で、今度は折り紙を持ち、ピラミッド（高さ139m）の頂点がちょうど折り紙の斜辺の延長線上に見える場所まで移動しました。この場所はピラミッド（図の点H）からどのくらい離れていますか。折り紙は地面から1.7mの高さで持っているとします。

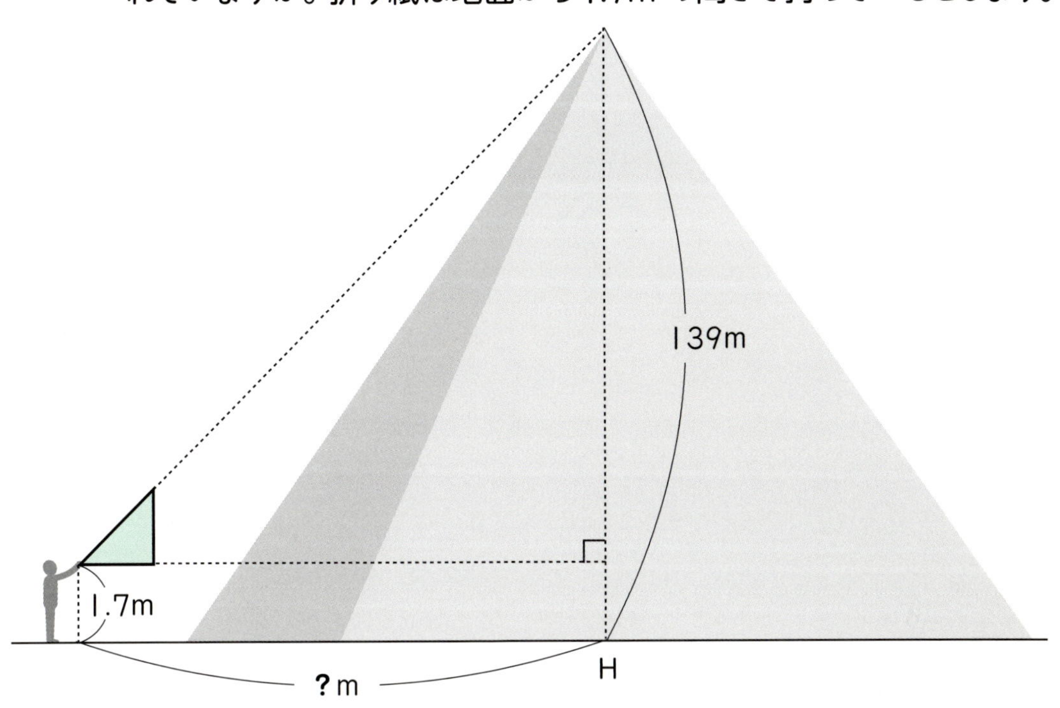

解き方

三角形ABCと三角形ADEは相似なので、
三角形ADEも直角二等辺三角形だからDE＝DA。
DE＝EH－DHなので、
ピラミッドからの距離DAは
DA＝EH－DH＝139－1.7＝137.3

答　137.3m

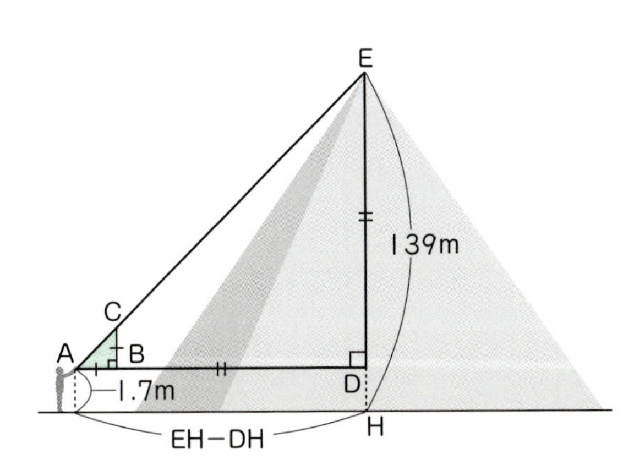

コピー用紙にも相似が隠れている!?

私たちの身近にある「相似」といえば、やはりコピー用紙でしょう。紙の規格にはA判(ドイツで作られた規格）とB判（日本で作られた規格）があり、それらを0～10のサイズで表しています。これらの紙のサイズに注目してみましょう。

〈コピー用紙の主なサイズ〉

A判	横×縦（mm）
A3	297×420
A4	210×297
A5	148×210

B判	横×縦（mm）
B3	364×515
B4	257×364
B5	182×257

さて、ここで問題です。A4をA3に拡大する場合、またはA4をA5に縮小する場合、相似比を何%にすればいいでしょうか（面積比ではありません）。

横の長さを比べてみると、A4をA3に拡大する場合は297÷210＝1.4142……、A4をA5に縮小する場合は148÷210＝0.7047……となります。

このように、同じ規格でサイズを1つ変えた場合は「拡大141%」「縮小70%」となるように決められていることがわかります（これはB判でも同じです）。

さて、A判とB判は「なぜこのサイズなのか」わかりますか。ここに“ある秘密”がひそんでいるのですが、それを調べるためにA4とB4の面積を求めてみましょう。

A4の面積は297×210＝62370（mm^2）、B4の面積は364×257＝93548（mm^2）です。なんとA4の面積とB4の面積の比はおよそ1：1.5。つまり、B判のサイズはA判の面積の1.5倍（150%）になるように決められていたのです。

普段何気なく手にしているコピー用紙にも、その根底は「数と形のしくみ」があり、そのおかげで私たちは便利に使うことができるのですね。

〈コピー用紙のサイズを変えると……〉

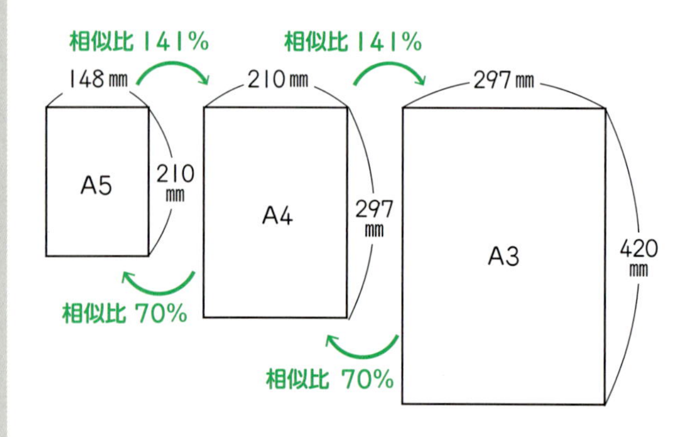

〈A4とB4の面積を比べると……〉

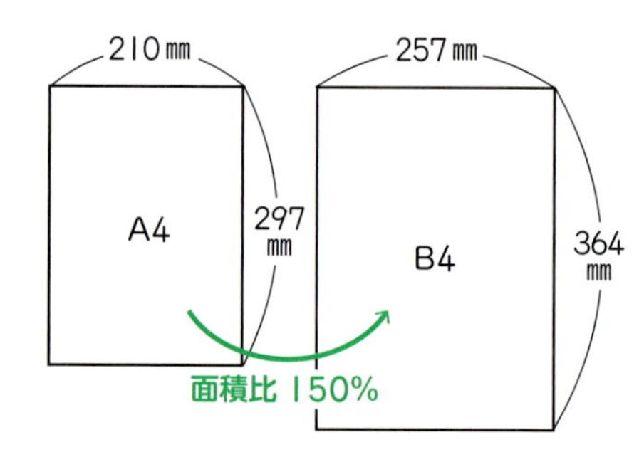

Part 3 数量

単位量や割合は大人にとっても難しい分野なので、ついつい説明を省いて「公式にあてはめればいいの！」と言ってしまいがちです。しかし大人がこの問題を解けるのは、今までの人生で何度も単位量や割合に触れ、感覚的に身に付いているからです。子どもたちにはまだこの“実体験”がありません。

「公式を覚えて問題を解く」という方法だけでは、単位量や割合の利便性や面白さを子どもに伝えることは難しいでしょう。まず、一緒にスーパーのチラシを見ながら買い物に行ってみましょう。「豚肉100gで128円」「定価の2割引」というように、それは実生活に基づいた教科書となってくれるでしょう。**親が子どもに算数を教えるとき、何も学校の先生のようになる必要はありません。こうして実例を身に付けてから問題演習に入れば、子どもは苦手意識を持ちにくくなります。**

小学生の時期にきちんと身に付けられるように、一度に理解させようとはせずに、気長に教えてあげてください。

□を使った式

ポイント

- **わからない数を□に置きかえる。**
- **たし算・引き算は線分図、かけ算・わり算は面積図。**

マジックで箱の中からいろいろなものが出てくるように、算数では“数”が出てくる箱があります。わからない数を箱（□）で置きかえた式です。箱の中からどんな数が飛び出すかを調べてみましょう。

たし算・引き算

3＋□＝7は「3と□をたしたら7と等しい」ということですから、□は「7から3を引いた数4」とわかります。7－□＝5は「7から□を引いたら5と等しい」ということですから、□は「7から5を引いた数2」とわかります。

線分図：数や量の関係を線分で表した図。

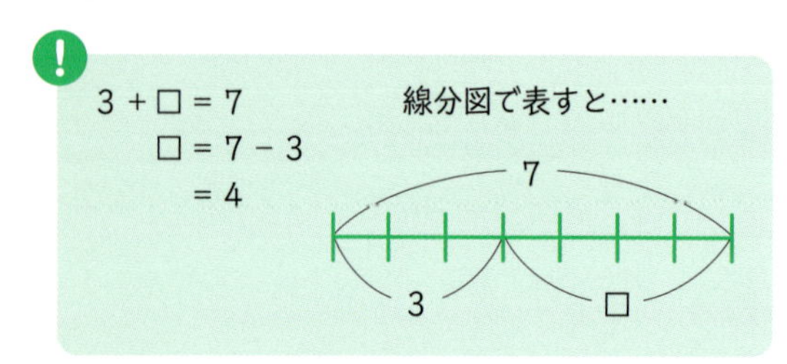

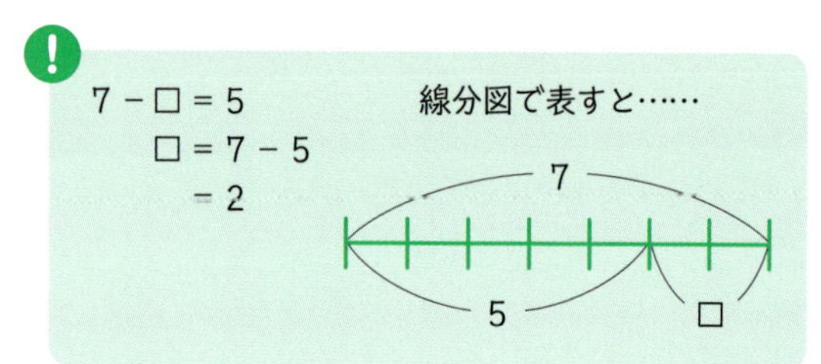

例題 次の計算をしましょう。

（1）□＋18＝34　　（2）□－36＝29

解き方

（1）□＝34－18
　　＝16

答 16

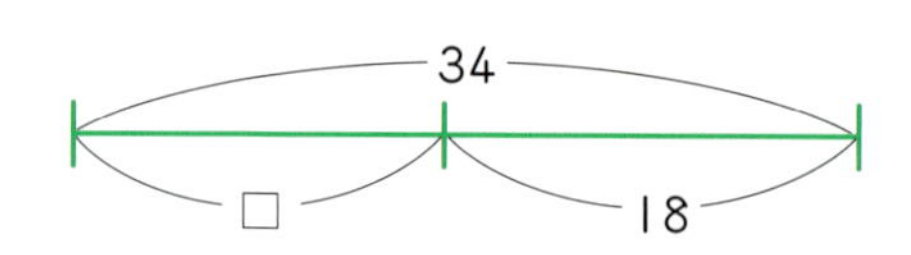

(2) $\square = 29 + 36$
$= 65$　　答　65

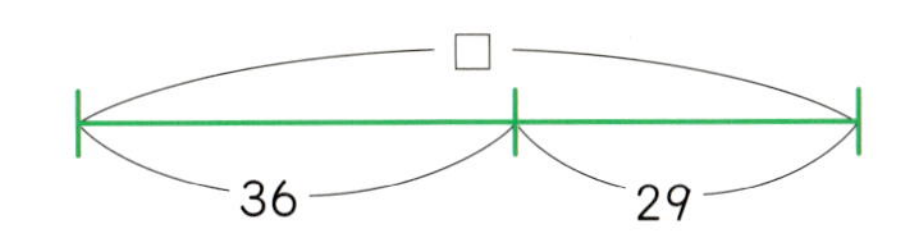

かけ算・引き算

4 ×□= 24 は「4 と□をかけたら 24 と等しい」ということですから、□は「24 を 4 でわった数 6」とわかります。同様に考えると、56 ÷□= 8 は「56 を□でわったら 8 と等しい→□は 56 を 8 でわった数 7」、□÷ 12 = 9 は「□を 12 でわったら 9 と等しい→□は 12 と 9 をかけた数 108」とわかります。

面積図：数や量の関係を長方形の面積（縦×横）で表した図。

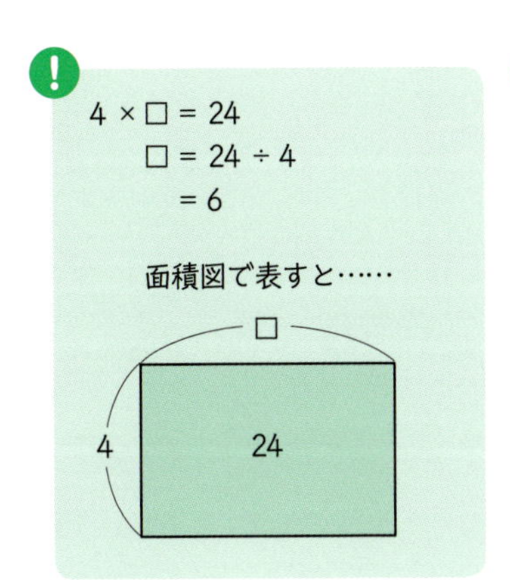

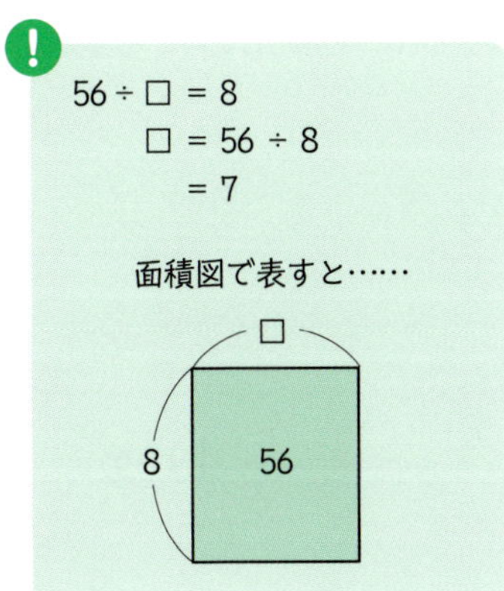

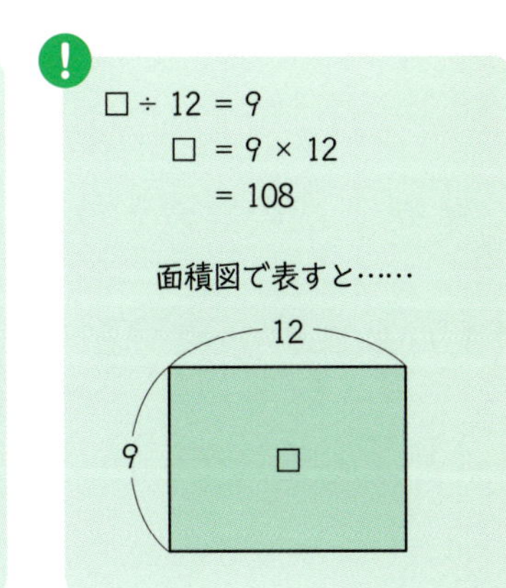

例題　次の計算をしましょう。

(1) $\square \times 15 = 225$　　(2) $391 \div \square = 17$

解き方

(1) $\square = 225 \div 15$
$= 15$

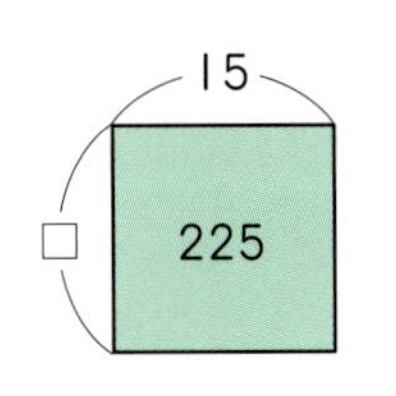

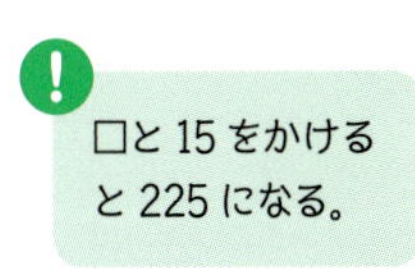

(2) $\square = 391 \div 17$
$= 23$

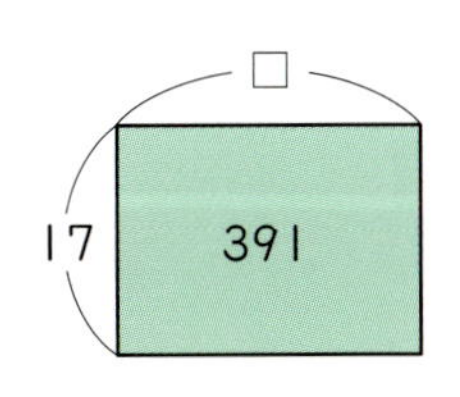

391 を□でわると 17 になる。

文字を使った式

ポイント

- **求める数量を文字で置きかえて式で表す。**
- **たし算⇔引き算、かけ算⇔わり算。**

いろいろと変わる数量を x や y などの文字に置きかえます。例えば1個100円のりんごを x 個買ったときの合計金額は $100 \times x$ 円となります。りんごを何個買っても、x に入る数を変えるだけで値段を求めることができます。

例題 次の計算をしましょう。

（1）$46 + x = 95$　　（2）$x - 103 = 78$

（3）$27 \times x = 243$　　（4）$x \div 8 = 32$

解き方

（1）$x = 95 - 46$
$= 49$　　答 49

（2）$x = 78 + 103$
$= 181$　　答 181

（3）$x = 243 \div 27$
$= 9$　　答 9

（4）$x = 32 \times 8$
$= 256$　　答 256

〈たし算・引き算の場合〉

1. 文字の入った項を等号（＝）の左に、数字の項を等号の右に分ける。
2. 等号の反対側に移すときに、「＋」を「－」に、「－」を「＋」にする。

〈かけ算・わり算の場合〉

1. 文字の入った項を等号（＝）の左に、数字の項を等号の右に分ける。
2. 「×」を「÷」に、「÷」を「×」にする。

！ 演算記号は「逆の関係」にする。
「たし算（＋）⇔引き算（－）」
「かけ算（×）⇔わり算（÷）」

例題

（1）80円のえんぴつ2本とノートを1冊買った合計金額が300円でした。ノートの値段はいくらですか。

（2）底辺8cmの平行四辺形の面積を調べると48cm^{2}でした。高さは何cmですか。

（3）みかんを17個買ったら、その合計金額は1530円でした。みかん1個はいくらですか。

（4）3.6ℓのジュースを何人かで等分すると1人240mℓになりました。何人で分けましたか。

解き方

1 求める量を文字に置きかえる。

2 式をつくって計算する。

(1) 求めるのはノート1冊の値段（x円）。

$$80 \times 2 + x = 300$$
$$x = 300 - 160$$
$$= 140$$

300円
えんぴつの値段　ノートの値段
80円×2　x円×1

答　140円

(2) 求めるのは平行四辺形の高さ（$x$cm）。

$$8 \times x = 48$$
$$x = 48 \div 8$$
$$= 6$$

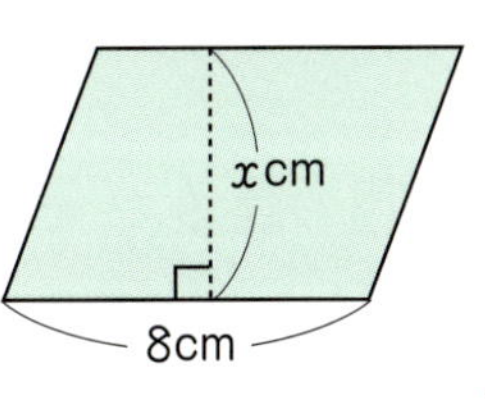

答　6cm

(3) 求めるのはみかん1個の値段（x円）。

$$17 \times x = 1530$$
$$x = 1530 \div 17$$
$$= 90$$

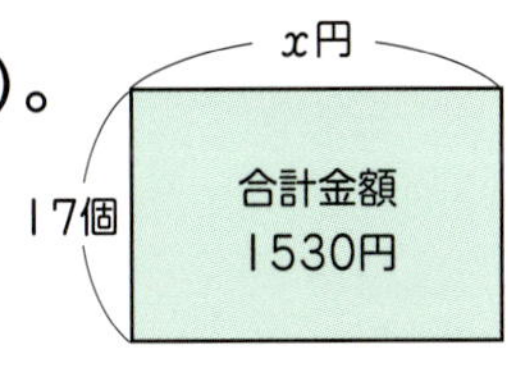

答　90円

(4) 求めるのはジュースを分けあった人数（x人）。

$$3600 \div x = 240$$
$$x = 3600 \div 240$$
$$= 15$$

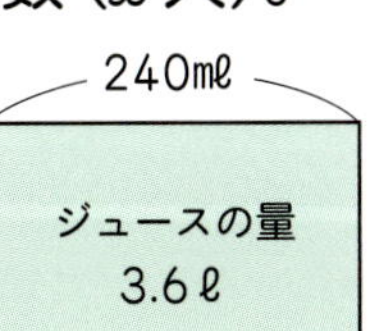

！ 単位をそろえるのを忘れずに。
3.6ℓ＝3600mℓ

答　15人

平均

ポイント

- **平均 ＝ 合計 ÷ 個数**

平均を求めることで人数や個数、合計金額の予測などが数学的に行えます。正確な計算も大切ですが、「だいたい」がわかることも大切です。

平均：いくつかの数や量を等しい大きさになるようにならしたもの。

公式

平均 ＝ 合計 ÷ 個数

例題

（1）りんご4個の重さがそれぞれ310g、307g、301g、290gでした。りんご1個は平均何gですか。

（2）生徒6人のテストの点数がそれぞれ76点、90点、43点、55点、81点、69点でした。平均点は何点ですか。

解き方

（1）
$$(310+307+301+290)\div 4 = 1208 \div 4$$
$$= 302$$

❶ 合計を求める。
❷ 個数でわる。

！（　）を優先する（「計算のきまり」、38ページ）。

答　302g

（2）
$$(76+90+43+55+81+69)\div 6 = 414 \div 6$$
$$= 69$$

答　69点

「平均＝合計÷個数」から次の公式が導けます。

公式

合計＝平均×個数
個数＝合計÷平均

例題

（1） 3日間のお祭りでジュースが1日平均58本売れました。ジュースは合計何本売れましたか。

（2） ある人の1日の歩行距離の平均は2.8kmでした。このペースで歩くと1週間で合計何km歩きますか。

解き方

(1) $58 \times 3 = 174$ 　　答　174本

(2) $2.8 \times 7 = 19.6$ 　　答　19.6km

例題

（1） 1日に平均250mℓの牛乳を飲むとすると、牛乳2本（2ℓ）は何日でなくなりますか。

（2） いちごを1箱（480g）買いました。いちご1個の重さを平均12gとすると、およそ何個のいちごが入っていると考えられますか。

解き方

(1) $2000 \div 250 = 8$ 　　答　8日間

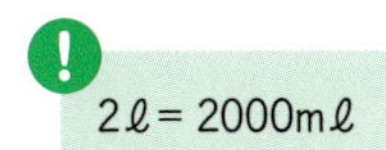

(2) $480 \div 12 = 40$ 　　答　約40個

！ 問題に「およそ」とあったら、答には「約」をつけること。

単位量あたりの大きさ

ポイント

- **「単位量」とは**
  1単位（ある決まった大きさ）における量のこと。

「単位量」とは「1単位（ある決まった大きさ）における量」を表しており、私たちの日常生活の中でも大活躍しています。

人口密度

「人口密度」とは 1km^2 あたりの人口です。人口密度が大きいと人口が密集しているといえます。

公式

人口密度（人/km^2）＝人口（人）÷面積（km^2）

例題　A市の人口密度は320人/km^2、面積は450km^{2}です。A市の人口はおよそどのくらいだと考えられますか。

解き方

A市の人口＝320×450＝144000　　答　約144000人

! 人口＝人口密度×面積

買い物

スーパーなどに買い物に出かけると、「豚肉 100g・100 円！」「1 個なら 300 円、2 個なら 500 円！」など、つい買いたくなるような宣伝がされています。お店は「単位量」をアピールし、お得感を出しているのです。

公式

1g あたりの金額（円 /g）＝金額（円）÷重さ（g）
1 個あたりの金額（円 / 個）＝金額（円）÷数（個）

例題

（1）400g で 500 円の鶏肉は 100g あたりいくらですか。

（2）8 冊で 700 円のノート A と、12 冊で 960 円のノート B があります。
1 冊あたりの値段ではどちらのほうが安いですか。

（3）1 個 40 円のチョコレートがあります。1000 円で何個買えますか。

（4）100g で 250 円の牛肉を 350g 買うといくらになりますか。

解き方

（1） 1g あたりの金額＝ 500 ÷ 400 ＝ 1.25（円）
100g あたりの金額＝ 1.25 × 100 ＝ 125（円）

答 125 円

！
（別の考え方）
100g は 400g の $\frac{1}{4}$ 倍なので、金額も $\frac{1}{4}$ 倍になる。
よって、500 × $\frac{1}{4}$ ＝ 125（円）

（2） ノート A ：1 冊の値段 ＝ 700 ÷ 8 ＝ 87.5（円）
ノート B ：1 冊の値段 ＝ 960 ÷ 12 ＝ 80（円）

答 ノート B のほうが安い

（3）　1000 ÷ 40 = 25（個）

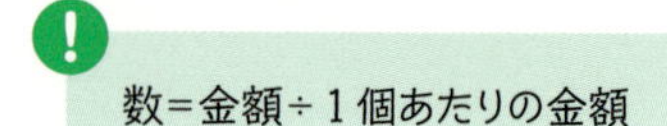

答　25 個

（4）　1g あたりの金額 = 250 ÷ 100 = 2.5（円）
350g あたりの金額 = 2.5 × 350 = 875（円）

答　875 円

（別の考え方）
350g は 100g の 3.5 倍なので、金額も 3.5 倍になる。
よって、250 × 3.5 = 875（円）

自動車の単位量① 燃費

自動車の性能を比べる目安の１つに「燃費」があります。自動車の燃費とは「1ℓの燃料で走行できるキロ数」を表します。「燃費が良い」といわれる自動車は、同じ1ℓのガソリン（燃料）でもたくさん走れるということです。

公式

自動車の燃費（km/ℓ）＝ 走行距離（km）÷ 給油量（ℓ）

例題　90km を走るのに 5ℓのガソリンを使う自動車 A があります。

（1）自動車 A の燃費を求めましょう。

（2）自動車 B は 70km を走るのに 4ℓのガソリンを使いました。自動車 A と自動車 B ではどちらのほうが燃費は良いですか。

（3）自動車 A のガソリンを満タン（40ℓ）にした場合、この自動車は何 km 走れますか。

（4）今、自動車 A には 12ℓのガソリンが入っています。360km 先の目的地に行くまでに、少なくともあと何ℓのガソリンが必要ですか。

解き方

（1） 自動車 A の燃費＝ 90 ÷ 5 ＝ 18 (km/ℓ) 　　答　18km/ℓ

（2） 自動車 B の燃費＝ 70 ÷ 4 ＝ 17.5 (km/ℓ) 　　答　自動車 A

燃費＝1ℓのガソリンで走れる距離
→数字が大きいほうがすぐれた自動車ということ。

（3） 満タン (40ℓ) での走行距離＝ 18 × 40 ＝ 720 (km)

答　720km

走行距離＝燃費×給油量

（4） 12ℓでの走行距離＝ 18 × 12 ＝ 216 (km)
少なくとも 360 － 216 ＝ 144 (km)を走る分だけのガソリンが必要なので、
給油量＝ 144 ÷ 18 ＝ 8 (ℓ) 　　答　8ℓ

給油量＝走行距離÷燃費

自動車の単位量② ガソリン代

ガソリンスタンドでは「レギュラー 128 円」「ハイオク 138 円」といった看板を目にします。ここに示された数値は 1 ℓ あたりのガソリンの金額を示したもので、この値も単位量です。

公式

1ℓあたりのガソリン代(円/ℓ) ＝ ガソリン代(円) ÷ 給油量(ℓ)

例題　A 町のガソリンスタンドでガソリン代が 125 円/ℓ とあります。

（1） 3000 円ではガソリンを何ℓ買えますか。

（2）Cさんの自動車は燃料タンクに32ℓ入ります。A町のガソリンスタンドでほぼ空（から）の状態から満タンにするといくらかかりますか。

（3）隣のB町のガソリンスタンドではガソリン代が128円/ℓです。Cさんはガソリンを1カ月に30ℓ使います。B町のガソリンスタンドだけで給油した場合、1カ月でいくらの違いが出ますか。

（4）Cさんはガソリンを満タンにしてドライブし、その後A町のガソリンスタンドで満タンになるまで給油したところ2125円かかりました。Cさんの自動車の燃費が16km/ℓだとすると、ドライブでは何km走りましたか。

解き方

(1) 給油量＝3000÷125＝24（ℓ）

答　24ℓ

給油量＝ガソリン代÷1ℓあたりのガソリン代

(2) ガソリン代＝32×125＝4000（円）

答　4000円

ガソリン代＝給油量×1ℓあたりのガソリン代

(3) A町で給油した場合のガソリン代＝30×125＝3750（円）
B町で給油した場合のガソリン代＝30×128＝3840（円）
差額＝3840－3750＝90（円）

（別の考え方）
A町とB町の1ℓあたりのガソリン代の差は
128－125＝3（円/ℓ）
よって、3×30＝90（円）

答　90円高く払う

(4) 給油量＝2125÷125＝17（ℓ）
走行距離＝16×17＝272（km）

答　272km

走行距離＝燃費×給油量

道のり、速さ、時間

ポイント

- **道のり＝速さ×時間**
- **計算の前に時間や道のりの単位をそろえる。**

「速さ」（一定の時間あたりに進む道のり）と、進むのにかかった「時間」から、進んだ「道のり（距離）」を求めることができます。

公式

道のり＝速さ×時間
時間＝道のり÷速さ
速さ＝道のり÷時間

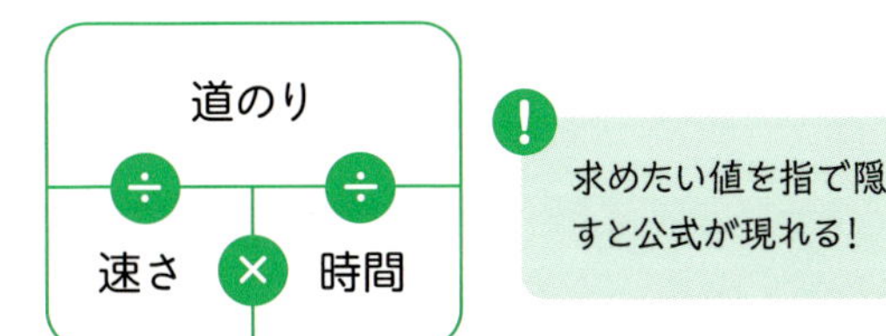

速さ

速さには「時速」「分速」「秒速」などの単位があります。

時速：１時間あたりに進む道のり。　時速→分速　時速÷60　　時速→秒速　時速÷3600
分速：１分間あたりに進む道のり。　分速→時速　分速×60　　分速→秒速　分速÷60
秒速：１秒間あたりに進む道のり。　秒速→分速　秒速×60　　秒速→時速　秒速×3600

〈時速、分速、秒速の関係〉

	１時間で進む道のり［km］	**１分で進む道のり［km］**	**１秒で進む道のり［km］**
時速　１kmだと…	1	$\frac{1}{60}$	$\frac{1}{3600}$
分速　１kmだと…	60	1	$\frac{1}{60}$
秒速　１kmだと…	3600	60	1

※１時間＝60分、１分＝60秒

速さ＝道のり÷時間

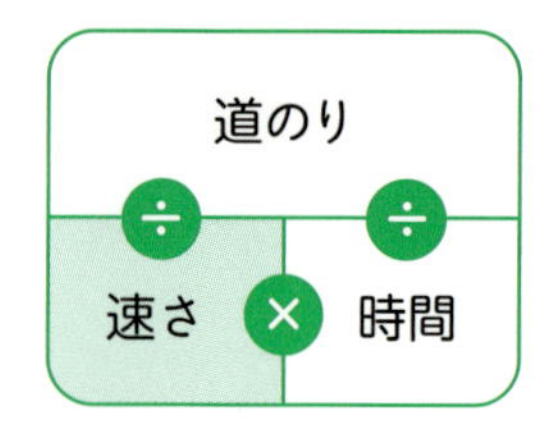

例題　ある人が自転車に乗り、3 時間で 54km 進みました。

（1）この自転車の時速は何 km ですか。

（2）この自転車の分速は何 m ですか。

解き方

（1）道のりは 54km、時間は 3 時間なので、

$54 \div 3 = 18$

答　時速 18km

（2）時速 18km ＝分速 $\frac{18}{60}$ km (＝0.3km) なので、

分速 0.3km を m に直すと

$0.3 \times 1000 = 300$

答　分速 300m

時速→分速は $\frac{1}{60}$ 倍（値は小さくなる）。

例題

（1）240km の道のりを 2 時間で進む電車の時速を求めましょう。

（2）1800m の道のりを 30 分で歩いた人の分速を求めましょう。

（3）800m の道のりを 40 秒で進む自動車の秒速を求めましょう。

（4）100km の道のりを 1 時間 40 分で進む自動車の分速を求めましょう。

解き方

（1） 道のりは 240km、時間は 2 時間なので、
240 ÷ 2 = 120　　　答　時速 120km

（2） 道のりは 1800m、時間は 30 分なので、
1800 ÷ 30 = 60　　　答　分速 60m

（3） 道のりは 800m、時間は 40 秒なので、
800 ÷ 40 = 20　　　答　秒速 20m

（4） 道のりは 100km、時間は 1 時間 40 分（= 100 分）
なので、100 ÷ 100 = 1　　　答　分速 1km

道のり

速さと時間から道のり（距離）を求めます。道のりには「km」「m」「cm」などの単位があります。

道のり = 速さ × 時間

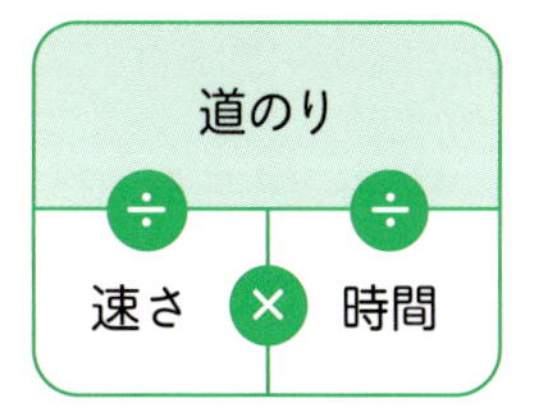

例題

（1） 時速 70km で走る自動車があります。2 時間で何 km 進みますか。

（2） 分速 400m で走る自転車があります。1 時間で何 km 進みますか。

（3） 秒速 50m で走る電車があります。40 分で何 km 進みますか。

（4） 時速 3km で歩く人がいます。10 分で何 m 進みますか。

解き方

（1） 時速 70km、時間は 2 時間なので、

$70 \times 2 = 140$

答　140km

（2） 分速 400m、時間は 1 時間（60 分）なので、

$400 \times 1 \times 60 = 24000$ (m)

m から km に直すと　$24000 \times \frac{1}{1000} = 24$

答　24km

単位は一度にそろえず、1つずつ順番に！

（3） 秒速 50m、時間は 40 分（40 × 60 秒）なので、

$50 \times 40 \times 60 = 120000$ (m)

m から km に直すと　$120000 \times \frac{1}{1000} = 120$

答　120km

（4） 時速 3km（分速 $3 \times \frac{1}{60}$ km）、時間は 10 分なので、

$3 \times \frac{1}{60} \times 10 = \frac{30}{60} = 0.5$ (km)

km から m に直すと　$0.5 \times 1000 = 500$

答　500m

時間

道のりと速さから時間を求めましょう。求めた時間が小数や分数で表される場合がありますが、その表現に慣れることも大事です。

時間 ＝ 道のり ÷ 速さ

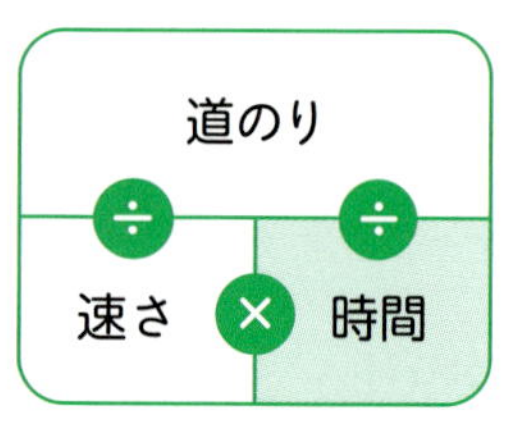

時間→分の変換（1時間＝60分）	分→秒の変換（1分＝60秒）
$\frac{1}{2}$ 時間（0.5時間）＝30分	$\frac{1}{2}$ 分（0.5分）＝30秒
$\frac{1}{3}$ 時間＝20分	$\frac{1}{3}$ 分＝20秒
$\frac{1}{4}$ 時間（0.25時間）＝15分	$\frac{1}{4}$ 分（0.25分）＝15秒
$\frac{1}{5}$ 時間（0.2時間）＝12分	$\frac{1}{5}$ 分（0.2分）＝12秒
$\frac{1}{6}$ 時間＝10分	$\frac{1}{6}$ 分＝10秒

例題

（1）時速8kmで走る人がいます。42km走るのに何時間何分かかりますか。

（2）分速3kmで進む電車があります。450km進むのに何時間何分かかりますか。

解き方

（1）道のりは42km、時速は8kmなので、

$42 \div 8 = 5.25\ (= 5\frac{1}{4})$

答　5時間15分

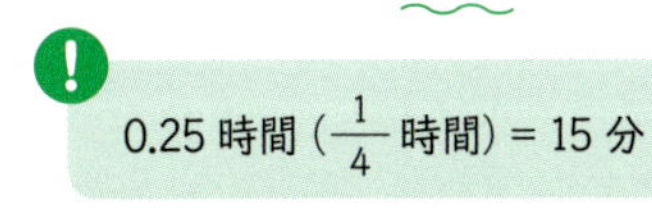

（2）道のりは450km、

分速は3km（時速 3×60km）なので、

$450 \div (3 \times 60) = 2.5$

答　2時間30分

（別の考え方）

450 ÷ 3 = 150（分）なので

150分 = 120分 + 30分

= 2時間30分

割合

ポイント

- **割合＝比べられる量÷もとにする量**
- **百分率（%）は「割合× 100」**

割合とは「もとにする量を 1 としたとき、比べられる量がその何倍にあたるか」を示した値のことです。

公式

割合 ＝ 比べられる量 ÷ もとにする量

例題 次の割合を求めましょう。

（1） A くんはみかんを 9 個、B 君はみかんを 12 個買いました。A 君は B 君の何倍のみかんを買いましたか。

（2） 1m のリボンを何人かで分けて、C さんはそのうち 40cm をもらいました。C さんがもらったリボンの割合を求めましょう。

（3） 容器 D は 3.6ℓ、容器 E は 0.3ℓ の水が入ります。容器 D には容器 E の何倍の水が入るでしょうか。

解き方

（1） もとにする量は「B 君の買ったみかんの数」だから 12 個。比べられる量は「A 君の買ったみかんの数」だから 9 個。
よって割合は
$9 \div 12 = 0.75$（または $\frac{3}{4}$）

1 もとにする量を確認。
2 比べられる量を確認。
3 公式にあてはめる。

答 0.75 倍（または $\frac{3}{4}$ 倍）

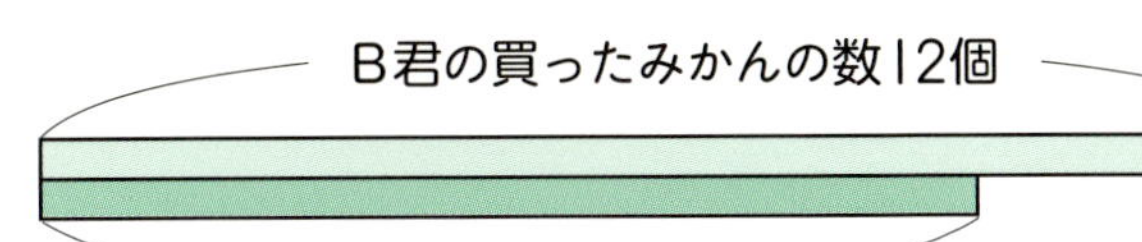

（2） もとにする量は「1m のリボン」だから 100cm。
比べられる量は「C さんがもらったリボンの長さ」だから 40cm。
よって割合は $40 \div 100 = 0.4$（または $\frac{2}{5}$）

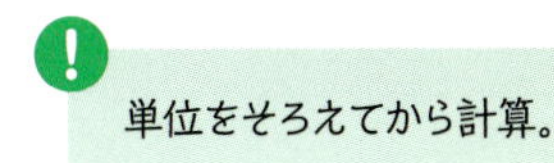

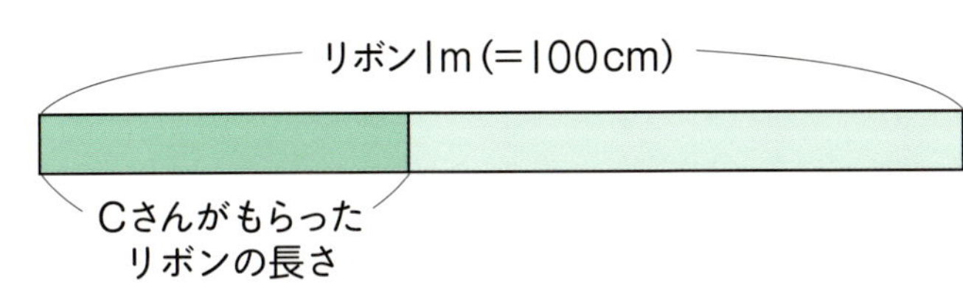

答 0.4（または $\frac{2}{5}$）

（3） もとにする量は「容器 E の容量」だから 0.3ℓ。
比べられる量は「容器 D の容量」だから 3.6ℓ。
よって割合は $3.6 \div 0.3 = 12$

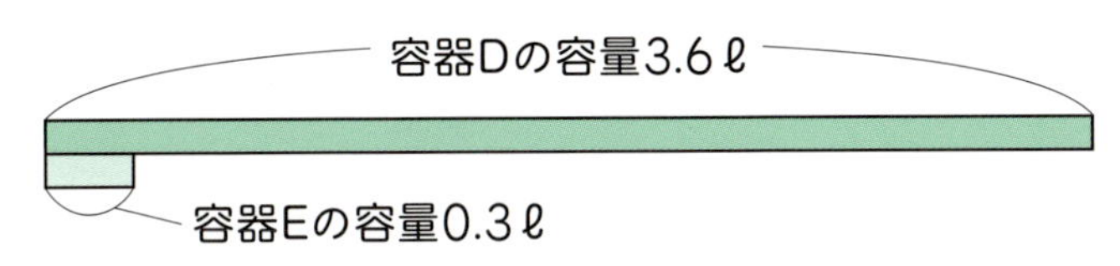

答 12倍

もとにする量→基準とする量
比べられる量→割合を調べたいものの量

百分率と歩合

割合を表す方法には百分率（%）や歩合（割、分、厘）があります。

百分率：%を使って表す。0.01 = 1%とする。

歩　合：0.1 = 1割、0.01 = 1分、0.001 = 1厘と表す。

割　合	1	0.1（$=\frac{1}{10}$）	0.01（$=\frac{1}{100}$）	0.001（$=\frac{1}{1000}$）
百分率	100%	10%	1%	0.1%
歩　合	10割	1割	1分	1厘

例題 次の小数で表した割合を百分率で表しましょう。

（1）1.06　　　（2）0.504

解き方

(1) $1.06 \times 100 = 106$　　答 106%

百分率は「割合× 100」。

(2) $0.504 \times 100 = 50.4$　　答 50.4%

例題 次の小数で表した割合を歩合で表しましょう。

（1）0.708　　　（2）0.85

解き方

(1) $0.708 = 0.7 + 0.008$ なので
$0.7 = 7$ 割、$0.008 = 8$ 厘。　　答 7割8厘

位ごとに分けて考えるとわかりやすい。

(2) $0.85 = 0.8 + 0.05$ なので
$0.8 = 8$ 割、$0.05 = 5$ 分。　　答 8割5分

例題 次の歩合を百分率に、百分率を歩合に直しましょう。

（1）2割3厘　　　（2）48.1%

解き方

(1) 2割$= 0.2$、3厘$= 0.003$ なので 0.203。
$0.203 \times 100 = 20.3$　　答 20.3%

(2) $48.1 \times \frac{1}{100} = 0.481$。
$0.481 = 0.4 + 0.08 + 0.001$ なので
$0.4 = 4$ 割、$0.08 = 8$ 分、$0.001 = 1$ 厘。　　答 4割8分1厘

私たちの身の回りには、買い物や天気予報など「百分率」や「歩合」で表された割合がたくさんあります。割合は生活に欠かせないものです。

〈2割引き〉

もとの値段の2割にあたる金額を、
もとの値段から引いた値段。

● 1000円の2割引きは……

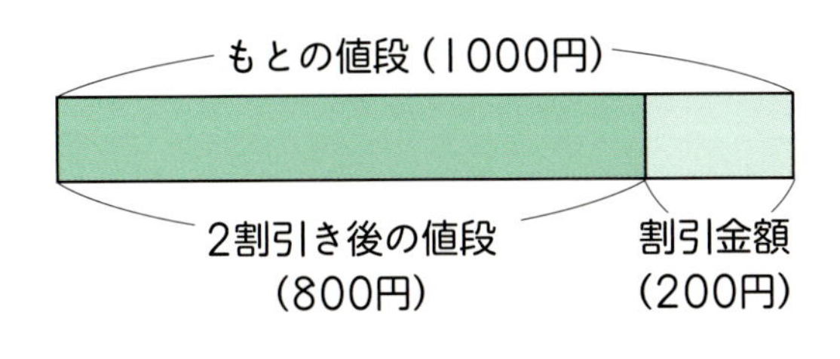

〈半額〉

もとの値段の半分の値段。

● 1000円の半額は……

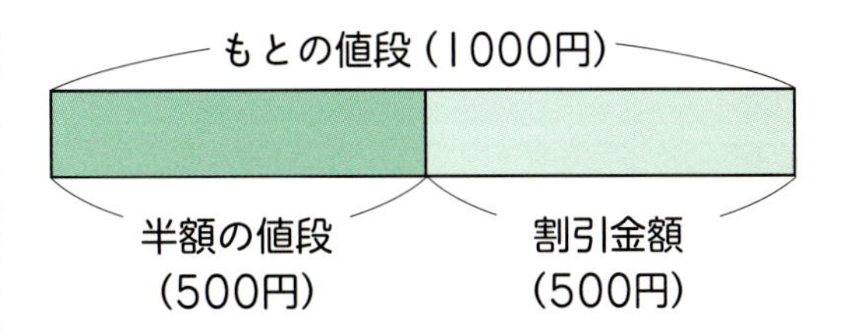

〈20%増量〉

もとの量に、
もとの量の20%にあたる量を加える。

● 100gの20%増量は……

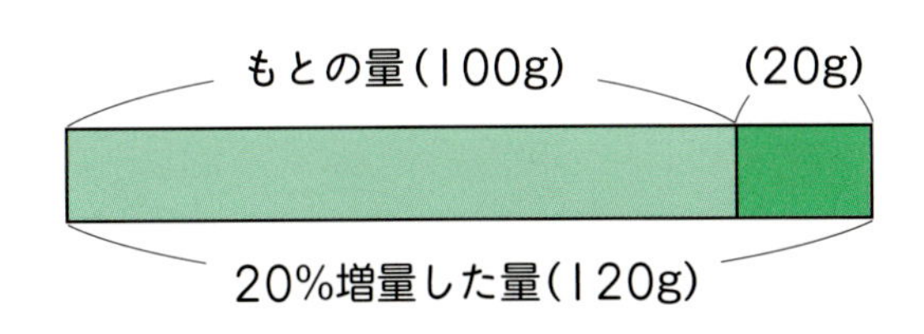

〈降水確率20%〉

20%の予報が100回出されたとき、
20回くらいは「一定期間に1mm以上の雨や雪が降る」ということ。

● 降水確率20%は……

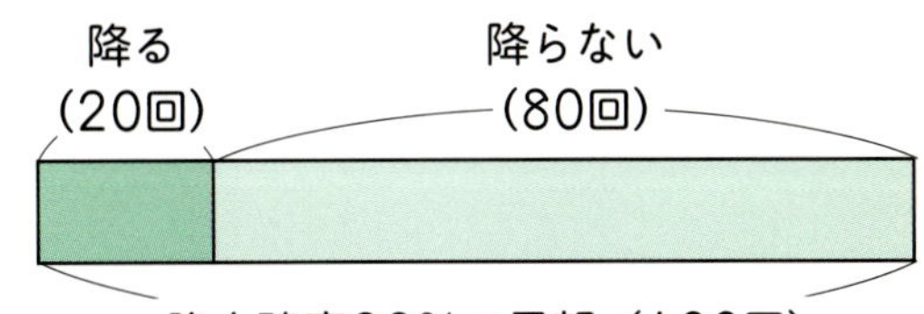

〈合いびき肉〉

「牛肉70%、豚肉30%」
「牛肉、豚肉50%ずつ」など、牛肉と豚肉をさまざまな割合で合わせたひき肉。

● 牛肉70%、豚肉30%の合いびき肉は……

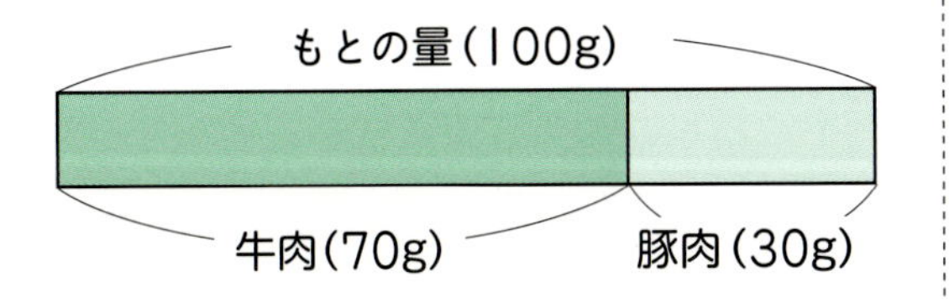

〈野球の打率〉

打数のうち、
安打数がどのくらいあったかを表す。
※打率＝安打数（ヒット数）÷打数（打った数）

● 打率3割4分5厘は……

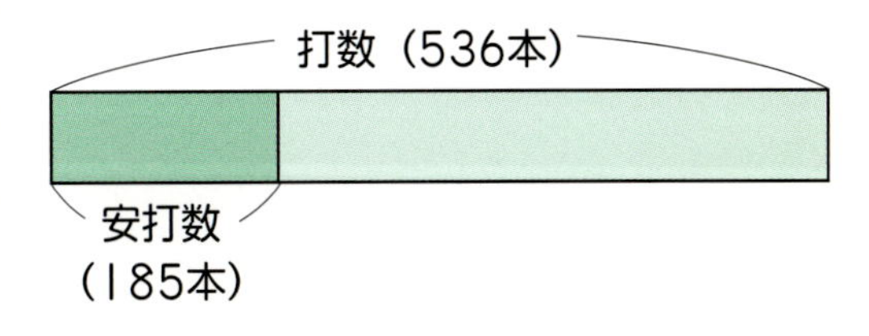

比べられる量

もとにする量と割合から、比べられる量を求めます。割合が百分率や歩合で表されている場合は、計算する前に小数に直します。

比べられる量 ＝ もとにする量 × 割合

例題

（1）定員 60 名の旅行ツアーがあり、現在ちょうど定員の 80%にあたる人数の申し込みがありました。申し込みをした人数は何名ですか。

（2）42ℓ入る水そうに水を入れ始めたところ、全体の 35%まで水がたまりました。たまった水の量は何ℓですか。

（3）定価 9800 円の洋服がバーゲンで 3 割引きになっていました。洋服はもとの値段に比べていくら安くなっていますか。

解き方

（1）もとにする量は「ツアー定員」だから 60 名。
比べられる量は「参加申し込み者数」で、
その割合は定員の 80% (＝ 0.8)。
よって比べられる量は 60 × 0.8 ＝ 48

1 もとにする量を確認。
2 割合を確認。百分率や歩合は小数に直す。
3 公式にあてはめる。

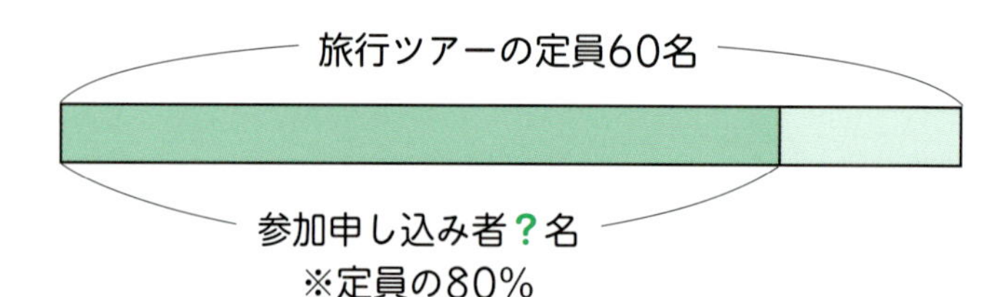

答　48 名

（2）もとにする量は「水そうに入る水の量」だから 42ℓ。
比べられる量は「たまった水の量」で、
その割合は全体の 35% (＝ 0.35)。
よって比べられる量は 42 × 0.35 ＝ 14.7

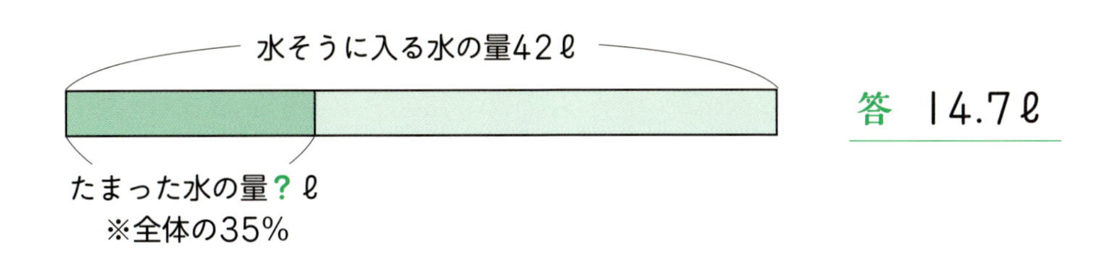

答　14.7ℓ

（3）もとにする量は「洋服の定価」だから9800円。
比べられる量は「割引金額」で、その割合は3割（＝0.3）。
よって比べられる量は $9800 \times 0.3 = 2940$

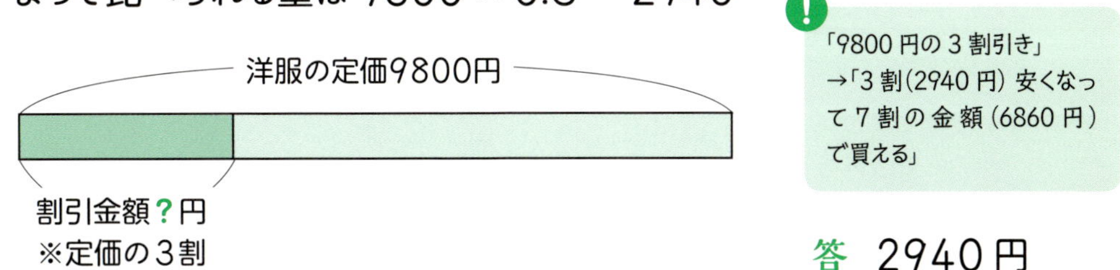

！「9800円の3割引き」→「3割（2940円）安くなって7割の金額（6860円）で買える」

答　2940円

もとにする量

割合と比べられる量からもとにする量を求めましょう。

公式

もとにする量 ＝ 比べられる量 ÷ 割合

例題

（1）Aさんはドライブにでかけました。家を出発してから39km進みましたが、これは目的地までの距離の $\frac{3}{7}$ だといいます。家から目的地までは何kmありますか。

（2）あるアンケートを行ったところ、「賛成」と答えた人は全体の35%で、その人数は91人でした。アンケートに答えた人は全員で何人ですか。

（3）B君は定価の4割引きでお弁当を買い、570円支払いました。お弁当の定価はいくらでしたか。

解き方

（1） 比べられる量は「家を出発してからの距離」だから 39km で、その割合は目的地までの距離の $\frac{3}{7}$。よってもとにする量（家から目的地までの距離）は

$$39 \div \frac{3}{7} = 39 \times \frac{7}{3} = 91$$

家から目的地までの距離？km

家を出発してからの距離39km
※全体の$\frac{3}{7}$

答 91km

1 比べられる量を確認。
2 割合を確認。百分率や歩合は小数に直す。
3 公式にあてはめる。

（2） 比べられる量は「賛成と答えた人の数」だから 91 人で、その割合は全体の 35%（＝ 0.35）。
よってもとにする量（アンケートに答えた人の数）は
$91 \div 0.35 = 260$

アンケートに答えた人の数？人

賛成と答えた人の数91人
※全体の35%

答 260人

（3） 比べられる量は「値引き後の値段」だから 570 円。
「4 割引き」とは定価の 6 割の値段で購入したことになるので、その割合は 0.6。
よってもとにする量（お弁当の定価）は
$570 \div 0.6 = 950$

！「4 割引き」＝「定価の 6 割」

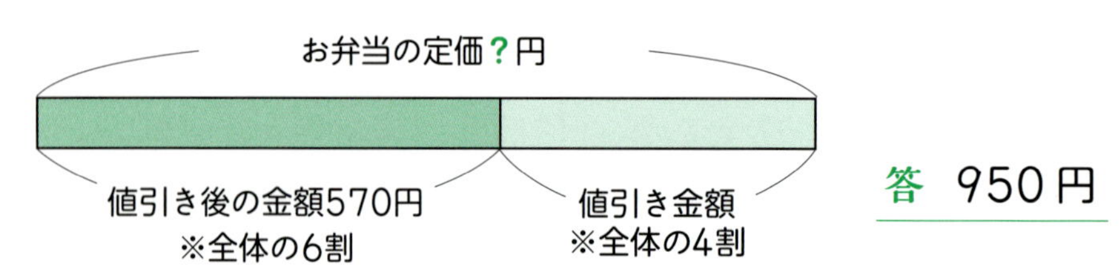

答 950円

すごい！ 倍数判定法

分数やわり算の計算に大きい数が出てきたとき、「この数はいったい何の倍数なんだろう？」と考え込んでしまう子どもも多いでしょう。たしかに大きな数の倍数は、大人だってすぐに見つけることは難しいものです。

もし数字を見ただけで、何の倍数かが一瞬で分かったら――。そんな夢のような「倍数判定法」があります。これを使えば大きな数の倍数でも、たった数秒で判定できます。

〈2～10の倍数判定法〉

2	一の位が2の倍数（偶数）	例）10、42、74、196、5088
3	各位の和が3の倍数	例）3741（3＋7＋4＋1＝15）
4	下2けたが00または4の倍数	例）200、940、1008
5	一の位が0または5	例）90、155、310、1675
6	一の位が偶数で、各位の和が3の倍数	例）3192（3＋1＋9＋2＝15）
7	①3～5けたの数：百以上の位の数×2と下2けたの和が7の倍数	例）1225（12×2＋25＝49）
	②6けた以上の数：3けたごとに交互にたしたり引いたりした値が7の倍数 ※値が3けたになったら①の方法で判定する	例）476728 （－476＋728＝252 ①より 2×2＋52＝56）
8	下3けたが000または百の位を4倍した値と下2けたを比べ、その差が8の倍数	例）1248（2×4＝8、下2けた＝48なので48－8＝40）
9	各位の和が9の倍数	例）4887（4＋8＋8＋7＝27）
10	一の位が0	例）270、60010

倍数判定法を見ながら、身の回りの数字の倍数あてクイズで遊んでみてはいかがでしょうか。車のナンバー、電話番号、日付……。私たちの身の回りにはさまざまな数があります。いろいろな数の倍数を判定して親子で数に親しんでみましょう。

それでは私からクイズです。次の数の倍数を判定しましょう。

（1）除夜の鐘の数「108」　**（2）消防車の通報番号「119」**

（3）1年間の日数「365」　**（4）500円玉の「500」**

（5）車のナンバー「2520」

答

(1) 2、3、4、6、9の倍数（108＝54×2、108＝36×3、108＝27×4、108＝18×6、108＝12×9）
(2) 7の倍数（119＝17×7）
(3) 5の倍数（365＝73×5）
(4) 2、4、5、10の倍数（500＝250×2、500＝125×4、500＝100×5、500＝50×10）
(5) 2、3、4、5、6、7、8、9、10の倍数（2520＝1260×2、2520＝840×3、2520＝630×4、2520＝504×5、2520＝420×6、2520＝360×7、2520＝315×8、2520＝280×9、2520＝252×10）

比の性質と表し方

ポイント

- **A：B の比の値は $\frac{A}{B}$**
- **A：B＝A×■：B×■＝A÷▲：B÷▲**

比とは2つの数量の割合を「：」を使って表したものです。「：」は「たい」と読みます。例えば「5：3」は「ご たい さん」と読みます。

例題

（1）Aくんはりんごを4個、Bくんはりんごを6個持っています。2人が持っているりんごの数を比で表しましょう。

（2）商品Cの値段は350円、商品Dの値段は400円です。これらの商品の値段を比で表しましょう。

解き方

（1）Aくんが4個、B君が6個なので、
A：B＝4：6

！比はそれぞれ対応するように書くこと。

答　A：B＝4：6

（2）商品Cが350円、商品Dが400円なので、
C：D＝350：400

答　C：D＝350：400

比の値、等しい比の性質

比の値とは「比がA：Bのとき、AがBの何倍かを表した数」です。比に同じ数をかけたりわったりしても、比の値は同じです（等しい比の性質）。比の値が等しいとき、それらの比は等しいといいます。

A：B の比の値は $\frac{A}{B}$ (＝A÷B)

A：B＝A×■：B×■＝A÷▲：B÷▲(等しい比の性質)

例題　先ほどの問題の比の値を求めましょう。

(1) 4：6　　(2) 350：400

解き方

(1)　4：6 の比の値は $\frac{4}{6}=\frac{2}{3}$　　答 $\frac{2}{3}$

(2)　350：400 の比の値は $\frac{350}{400}=\frac{7}{8}$　　答 $\frac{7}{8}$

比を簡単にする

比をもっとも小さな整数で表すことを「比を簡単にする」といいます。比が小数や分数の場合は整数に直します。

例題　112 ページで求めた比を簡単にしましょう。

(1) 4：6　　(2) 350：400

解き方

1 小数・分数は整数に直す。
2 両方の数を最大公約数でわる。

(1)　4 と 6 の最大公約数は 2。
4 と 6 を 2 でわると、
(4÷2)：(6÷2)＝2：3

答 2：3

(2)　350 と 400 の最大公約数は 50。
350 と 400 を 50 でわると、
(350÷50)：(400÷50)＝7：8　　答 7：8

比を使った式

ポイント

- **対応する比を線で結んで、計算ミス防止！**
- **A：B＝C：Dのとき、A×D＝B×C**

等しい比の性質（112ページ）を用いると、比を使った式が解けます。

例題 等しい比の性質を用いて x を求めましょう。

（1）$7:12=28:x$　　（2）$36:54=x:18$

解き方

（1）
$7:12=28:x$ なので、（7 →×4→ 28、12 →×4→ x）

$x=12\times4=48$

！ $7:12=28:x$
$=(7\times4):(12\times4)$

1 比がわかっている数どうしを比べる。

2 求めたい比を同じ数でかける（またはわる）。

答 $x=48$

（2）
$36:54=x:18$ なので、（36 →÷3→ x、54 →÷3→ 18）

$x=36\div3=12$

！ $36:54=x:18$
$=(36\div3):(54\div3)$

答 $x=12$

A：B＝C：Dのとき、外項（A、D）の積と内項（B、C）の積は等しくなります。外項どうし、内項どうしを線で結ぶと計算がわかりやすくなります。

外項の積・内項の積

A：B＝C：Dのとき、A×D＝B×C

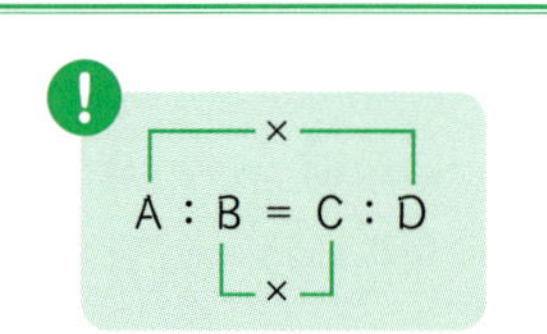

例題 外項の積・内項の積を用いて x を求めましょう。

(1) $6 : x = 15 : 25$　　(2) $x : 15 = 8 : 6$

解き方

(1) $6 : x = 15 : 25$（外項どうし×、内項どうし×）

$15 \times x = 6 \times 25$

$x = \dfrac{6 \times 25}{15}$

$= 10$

1 外項、内項をかける。

2 x を求める。

答 $x = 10$

(2) $x : 15 = 8 : 6$（外項どうし×、内項どうし×）

$x \times 6 = 15 \times 8$

$x = \dfrac{15 \times 8}{6}$

$= 20$

答 $x = 20$

例題 縦と横の長さが 5 : 7 の長方形を書きます。横の長さを 21cm とすると、縦の長さは何 cm になりますか。

解き方

縦と横の長さを比で表すと、縦:横＝ 5:7。

1 全体の比を考える。

2 等しい比の性質（または外項の積・内項の積）を用いて値を求める。

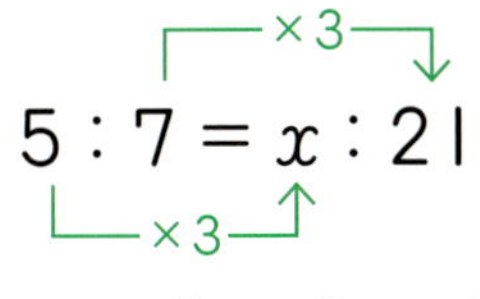

$x = 5 \times 3 = 15$

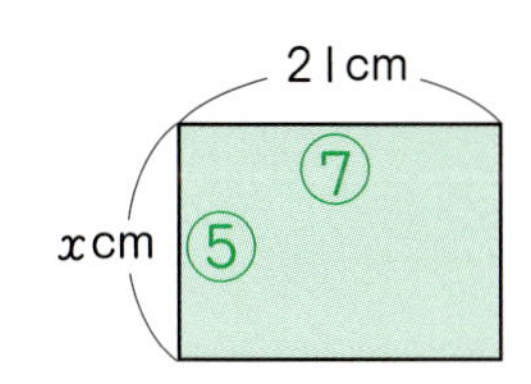

答 15cm

（外項の積・内項の積を使った解き方）

$5 : 7 = x : 21$

$7 \times x = 5 \times 21$

$x = 15$

Part 1 数と計算

Part 2 図形

Part 3 数量

比例

ポイント

- **比例の式は $y = ● \times x$**
- **グラフは原点を通る直線**

2つの量 x と y があり、x の値が2倍、3倍……になると y の値も2倍、3倍……となるとき、「y は x に比例する」といいます。y を x でわった商はつねに決まった数になります。

比例の式　$y = ● \times x$　$(● = y \div x)$

比例のグラフ：原点（$x = 0$、$y = 0$）を通る直線になる。
また「$x = 1$ のとき、$y =$ 決まった数」を通る。

● 1個100円のりんごを買ったときの金額

（1 → 3：×3、6 → 3：×$\frac{1}{2}$）

りんごの数 x（個）	1	2	3	4	5	6	7	8	9	10
金額 y（円）	100	200	300	400	500	600	700	800	900	1000

（100 → 300：×3、600 → 300：×$\frac{1}{2}$）

! x が■倍なら y も■倍になる。

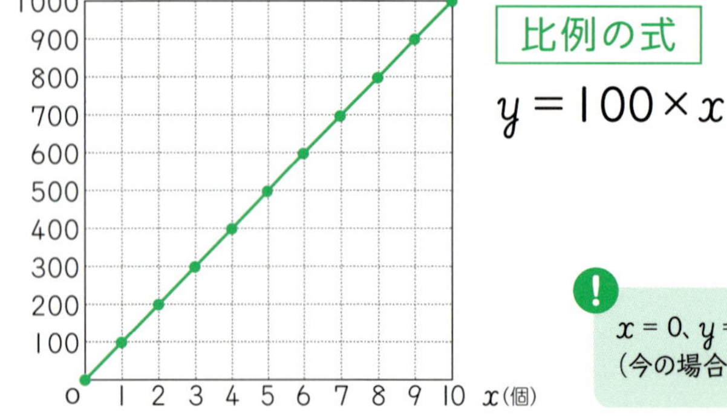

比例の式

$y = 100 \times x$

! $x = 0$、$y = 0$ の点と、$x = 1$、$y =$ 決まった数（今の場合は100）の点を通る。

例題 次の関係が比例しているかどうかを調べましょう。

(1) 時速 60km で進む自動車が x 時間で走る距離 y km。

時間 x (時間)	1	2	3	4	5	6	7	8	9	10
距離 y (km)	60	120	180	240	300	360	420	480	540	600

(2) 一辺 x cm の正方形の面積 y cm^2。

一辺の長さ x (cm)	1	2	3	4	5	6	7	8	9	10
面積 y (cm^2)	1	4	9	16	25	36	49	64	81	100

(3) 縦 4 cm、横 x cm の長方形の面積 y cm^2。

横の長さ x (cm)	1	2	3	4	5	6	7	8	9	10
面積 y (cm^2)	4	8	12	16	20	24	28	32	36	40

解き方

(1) x の値が 2 倍、3 倍になったとき、y の値も 2 倍、3 倍になっている。

答 y は x に比例している

1. x の値が 2 倍、3 倍のところを探す。
2. そのときの y の値を確認。
3. x と同じように 2 倍、3 倍になっていたら y は x に比例している。

(2) x の値が 2 倍、3 倍になったとき、y の値は 2 倍、3 倍になっていない。

答 y は x に比例していない

(3) x の値が 2 倍、3 倍になったとき、y の値も 2 倍、3 倍になっている。

答 y は x に比例している

比例しているかどうかは、$y \div x$ が決まった数になるかどうかを確認してもよい。
(1) $y \div x$ は 60 (決まった数)
(2) $y \div x$ は 1、2、3、……といろいろな値をとる。
(3) $y \div x$ は 4 (決まった数)

例題 先ほどの問題（1）と（3）の比例の式を求め、グラフを書きましょう。

解き方

（1） 決まった数＝ 60 ÷ 1 ＝ 60

答 $y = 60 \times x$

〈比例の式の求め方〉

1 「決まった数」（＝ $y \div x$）を求める。

比例のグラフは原点Oを通るので、$x = 0$、$y = 0$ に点を打つ。
もう1点 $x = 5$、$y = 300$ に点を打ち、この2点を通る直線を書く。

〈グラフの書き方〉

1 $x = 0$、$y = 0$ の点を打つ。

2 もう1点を打つ。

3 2つの点を結んだ直線を書く。

！「決まった数を求めるとき」「グラフを書くとき」は、計算しやすい（またはグラフを描きやすい）数値を選ぶこと。

！グラフを書き終えたら、表の値や式と合っているかを確認する。

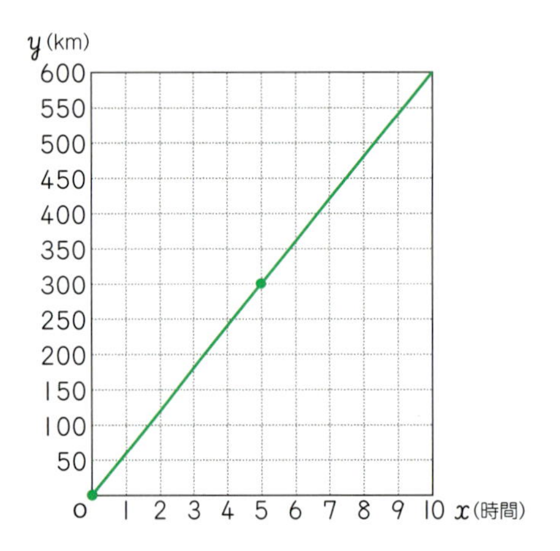

（3） 決まった数＝ 4 ÷ 1 ＝ 4

答 $y = 4 \times x$

比例のグラフは原点Oを通るので、$x = 0$、$y = 0$ に点を打つ。
もう1点 $x = 10$、$y = 40$ に点を打ち、この2点を通る直線を書く。

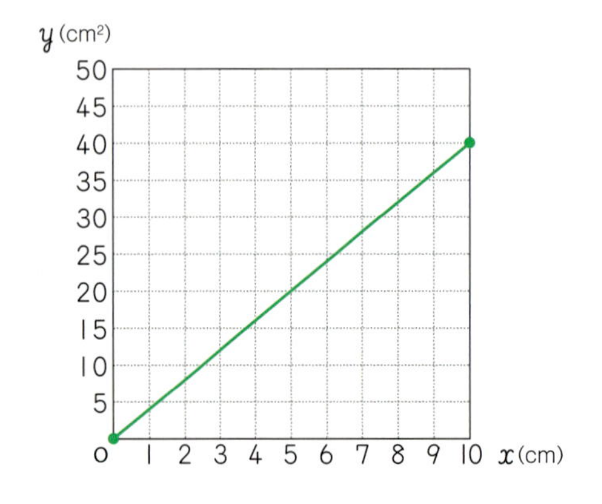

反比例

ポイント

- **反比例の式は $y = ● \div x$**
- **グラフは原点を通らず、曲線になる。**

2つの量 x と y があり、x の値が2倍、3倍……になると y の値が $\frac{1}{2}$ 倍、$\frac{1}{3}$ 倍……となるとき、「y は x に反比例する」といいます。x と y の積はつねに決まった数になります。

反比例の式　$y = ● \div x$　$(● = x \times y)$

反比例のグラフ：原点（$x = 0$、$y = 0$）を通らない曲線になる。
また「$x = 1$ のとき、$y =$ 決まった数」を通る。

● 面積が 18cm^2 の長方形の縦の長さ $x$cm、横の長さ $y$cm

×3　　×$\frac{1}{2}$

縦 x (cm)	1	2	3	4	5	6	7	8	9	10
横 y (cm)	18	9	6	$\frac{18}{4}$	$\frac{18}{5}$	3	$\frac{18}{7}$	$\frac{18}{8}$	2	$\frac{18}{10}$

! x が■倍なら y は $\frac{1}{■}$ 倍になる。

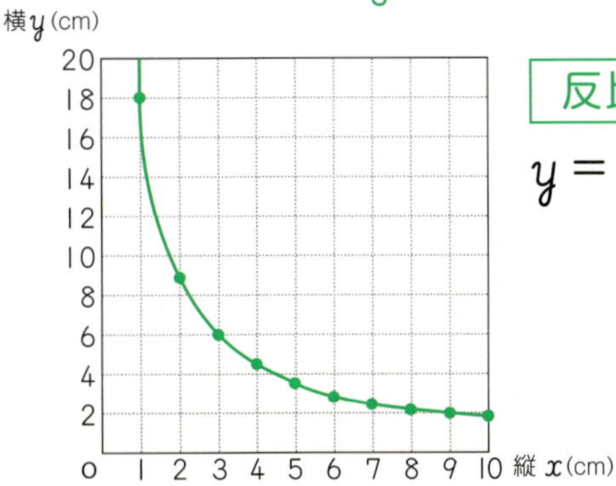

反比例の式

$y = 18 \div x$

! $x = 1$、$y =$ 決まった数（今の場合は18）の点を通る。

例題　次の関係が反比例しているかどうかを調べましょう。

（1）6km の距離を時速 x km で進むときに y 時間かかる。

時速 x（km）	1	2	3	4	5	6
時間 y（時間）	6	3	2	1.5	1.2	1

（2）24 本の鉛筆を x 人で y 本ずつ分ける。

分ける人数 x（人）	1	2	3	4	6	8	12	24
鉛筆 y（本）	24	12	8	6	4	3	2	1

（3）1000 円で 1 個 100 円のお菓子を x 個買ったときのおつり y 円。

お菓子の数 x（個）	1	2	3	4	5	6	7	8	9	10
おつり y（円）	900	800	700	600	500	400	300	200	100	0

解き方

（1）x の値が 2 倍、3 倍になったとき、y の値は $\frac{1}{2}$ 倍、$\frac{1}{3}$ 倍になっている。

答　y は x に反比例している

1 x の値が 2 倍、3 倍のところを探す。
2 そのときの y の値を確認。
3 $\frac{1}{2}$ 倍、$\frac{1}{3}$ 倍になっていたら y は x に反比例している。

（2）x の値が 2 倍、3 倍になったとき、y の値は $\frac{1}{2}$ 倍、$\frac{1}{3}$ 倍になっている。

答　y は x に反比例している

（3）x の値が 2 倍、3 倍になったとき、y の値は $\frac{1}{2}$ 倍、$\frac{1}{3}$ 倍になっていない。

答　y は x に反比例していない

！
反比例しているかどうかは、$x \times y$ が決まった数になるかどうかを確認してもよい。
（1）$x \times y$ は 6（決まった数）
（2）$x \times y$ は 24（決まった数）
（3）$x \times y$ は 900、1600、2100……
といろいろな値をとる。

例題 先ほどの問題（1）と（2）の反比例の式を求め、グラフを書きましょう。

解き方

（1） 決まった数＝ $1 \times 6 = 6$

答　$y = 6 \div x$

$x = 1$、$y = 6$ や $x = 2$、$y = 3$ などに点を打つ。これらの点を通る曲線を書く。

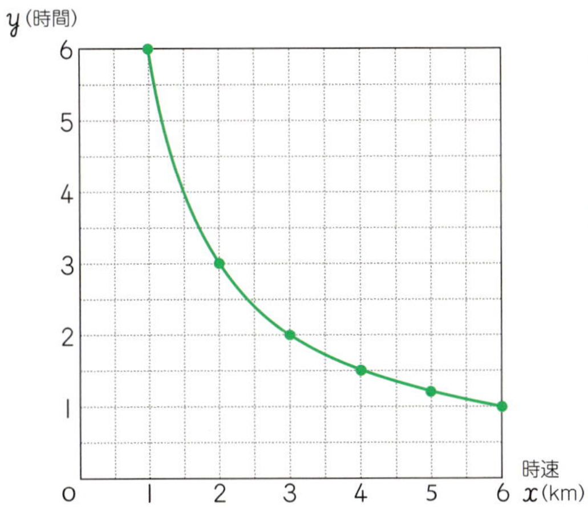

〈反比例の式の求め方〉

1 「決まった数」（＝ $x \times y$）を求める。

〈グラフの書き方〉

1 表または式から点をいくつか求めて打つ。

2 それらの点を結んだ曲線を書く。

！ 曲線に慣れるまでは少し多めに点を打つといい。

！ なるべく x や y の値が整数になる点を選ぶとグラフが書きやすい。

（2） 決まった数＝ $1 \times 24 = 24$　　答　$y = 24 \div x$

$x = 1$、$y = 24$ や $x = 2$、$y = 12$ などに点を打つ。これらの点を通る曲線を書く。

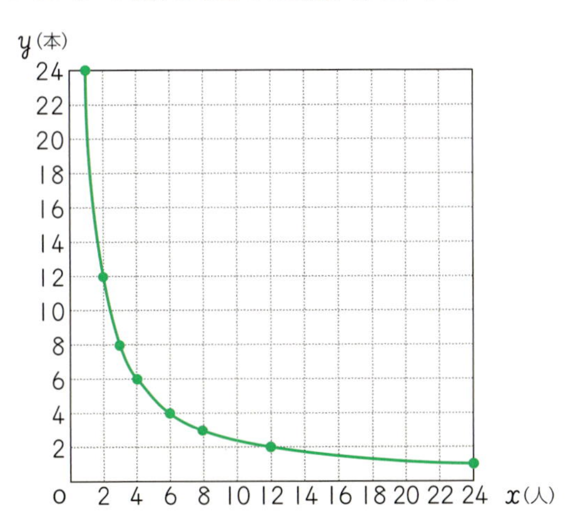

九九の中に反比例が隠れている？

さまざまな計算の基本となる「九九」。日本ではその名の通り九九は９×９までを覚えますが、アメリカやイギリスでは12×12まで、インドではなんと20×20まで習います。では、下の12×12までが載った九九表を「12」に注目しながらじっと眺めてみましょう。“何か”が隠れていることに気がつきませんか？

	1	2	3	4	5	6	7	8	9	10	11	12
1	1	2	3	4	5	6	7	8	9	10	11	12
2	2	4	6	8	10	12	14	16	18	20	22	24
3	3	6	9	12	15	18	21	24	27	30	33	36
4	4	8	12	16	20	24	28	32	36	40	44	48
5	5	10	15	20	25	30	35	40	45	50	55	60
6	6	12	18	24	30	36	42	48	54	60	66	72
7	7	14	21	28	35	42	49	56	63	70	77	84
8	8	16	24	32	40	48	56	64	72	80	88	96
9	9	18	27	36	45	54	63	72	81	90	99	108
10	10	20	30	40	50	60	70	80	90	100	110	120
11	11	22	33	44	55	66	77	88	99	110	121	132
12	12	24	36	48	60	72	84	96	108	120	132	144

九九の中の「12」に色を塗ってそれを線で結んでみましょう。

……なんと反比例のグラフの形が現れるではありませんか！

子どもにとっては、比例に比べると反比例は考え方もグラフも親しみにくく感じるようです。たしかに反比例の「曲線」の形は、なかなか普段の生活では見ることができません。この形の特異さが難しく感じる点でもあるようです。

小学生にとって身近な九九表。その中に美しい反比例がひそんでいることを教えてあげれば、反比例はもっと親しみやすくなるはずです。

「九九を覚える」という目的を達成した後も、壁に貼ってときどき眺めてみてはいかがでしょうか。「数の秘密」を探してみると、面白い発見があるかもしれませんね。

	1	2	3	4	5	6	7	8	9	10	11	12
1	1	2	3	4	5	6	7	8	9	10	11	12
2	2	4	6	8	10	12	14	16	18	20	22	24
3	3	6	9	12	15	18	21	24	27	30	33	36
4	4	8	12	16	20	24	28	32	36	40	44	48
5	5	10	15	20	25	30	35	40	45	50	55	60
6	6	12	18	24	30	36	42	48	54	60	66	72
7	7	14	21	28	35	42	49	56	63	70	77	84
8	8	16	24	32	40	48	56	64	72	80	88	96
9	9	18	27	36	45	54	63	72	81	90	99	108
10	10	20	30	40	50	60	70	80	90	100	110	120
11	11	22	33	44	55	66	77	88	99	110	121	132
12	12	24	36	48	60	72	84	96	108	120	132	144

場合の数

ポイント

- **並べ方は「順番が異なれば違うもの」。**
- **組み合わせは「順番が異なっても同じもの」。**

並べ方は「順番が大事」、組み合わせは「順番の区別がない」と考えます。料理のレシピで言えば、つくり方は順番が大事なので「並べ方」、材料はどんな順番で記されていてもいいので「組み合わせ」です。

並　べ　方：順番が異なれば違うものと考える。
例）電話番号、会員番号、車のナンバー

組み合わせ：順番が違っても同じものと考える。
例）（ピザやクレープなどの）トッピング、スポーツの総あたり戦

並べ方

「並べ方」を調べるときは、最初の1つめを決め、次に2つめとして考えられるものをすべて書き、さらに3つめとして考えられるものを……というように、すべての可能性を図に書いていきます。

例題

（1）ピンク、白、緑の3つのお団子を串に刺してお花見団子をつくります。お団子の並べ方は全部で何通りありますか。

（2）4人で映画館に行き、一列に並んだ4つの座席に座ります。座席の座り方は全部で何通りありますか。

（3）[1, 2, 3, 4] の4枚のカードから2枚を選んで2けたの整数をつくります。整数は全部で何個できますか。

解き方

（1） お団子の並べ方は全部で
$2+2+2=6$ 通り。

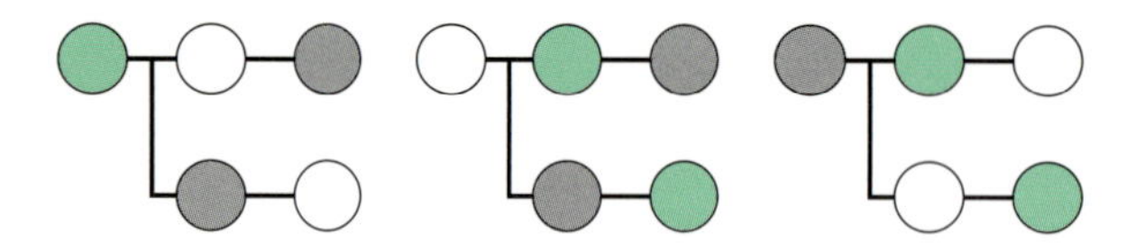

1 最初の１つめを選び、すべての並べ方を調べる。

2 残りも同じように調べる。

3 全部で何通りあるか数える。

答 6通り

（2） 4人をA、B、C、Dとする。

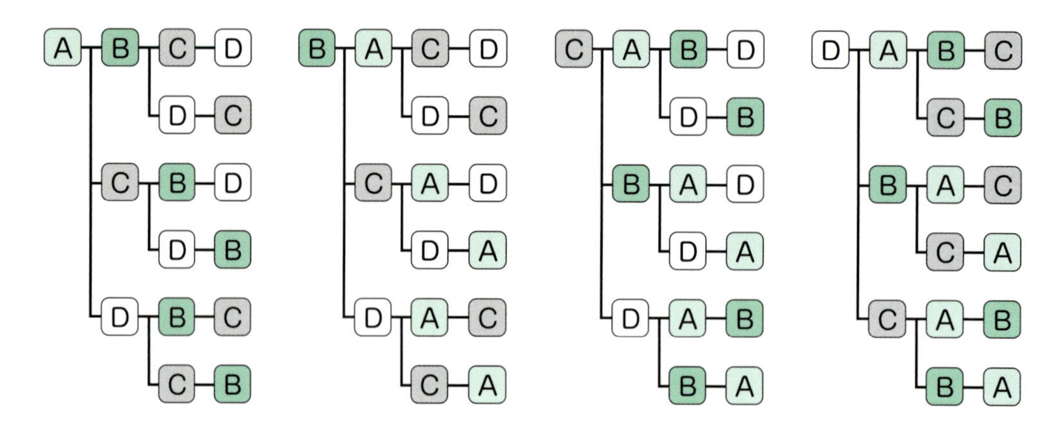

座席の座り方は全部で
$6+6+6+6=24$ 通り。

答 24通り

（3） 整数は全部で $3+3+3+3=12$ 通り。

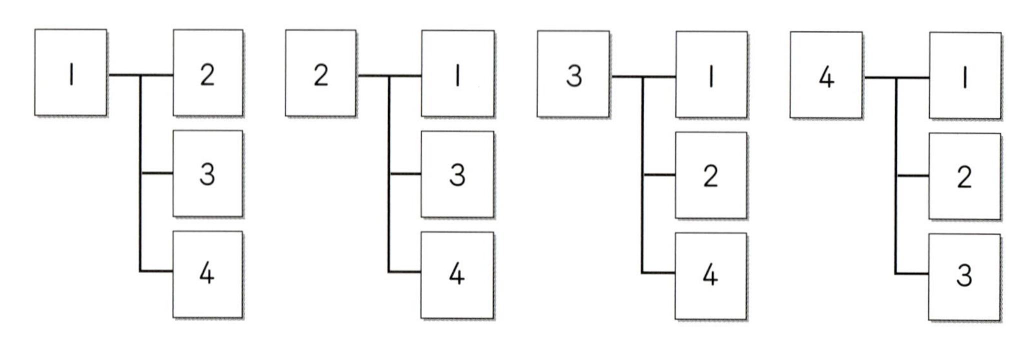

答 12通り

組み合わせ

Aチーム対Bチームの試合は「A－B」でも「B－A」でも同じことです。こうした「順番が異なっても同じもの」とする考え方を「組み合わせ」といいます。スポーツ試合での総あたり戦のように、表をつくって調べます。

例題

（1）6つの野球チーム（A、B、C、D、E、F）が総あたり戦を行います。試合数は全部で何試合になりますか。

（2）ピザを注文します。チーズ、トマト、コーン、マッシュルームの4種類のトッピングから3種類を選ぶとき、トッピングの組み合わせは何通りありますか。

解き方

1 表をつくる。「同じものどうしの組み合わせ」と「すでに選んだ組み合わせ」、または「選ばないもの」は斜線で消す。

2 全部で何通りあるか数える。

（1）

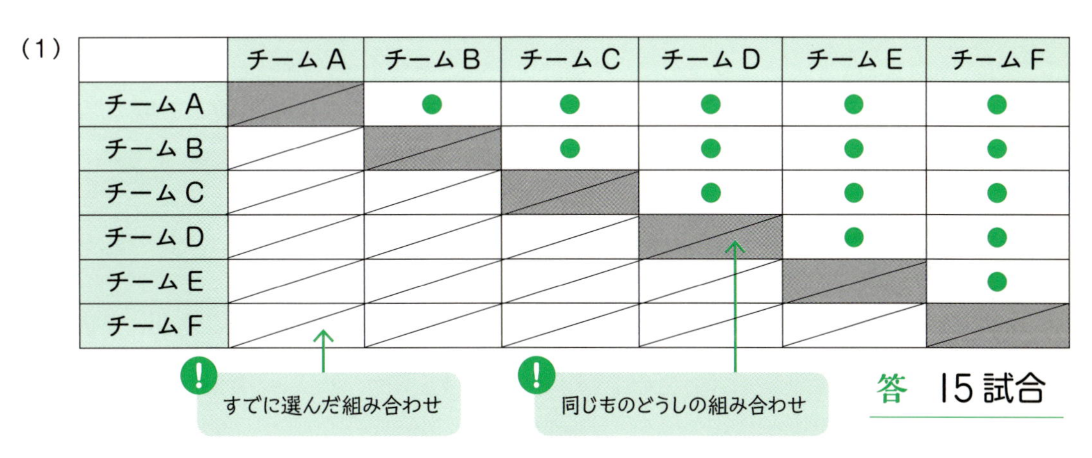

	チームA	チームB	チームC	チームD	チームE	チームF
チームA		●	●	●	●	●
チームB			●	●	●	●
チームC				●	●	●
チームD					●	●
チームE						●
チームF						

答　15試合

（2）

	チーズ	トマト	コーン	マッシュルーム
組み合わせ1	●	●	●	
組み合わせ2	●	●		●
組み合わせ3	●		●	●
組み合わせ4		●	●	●

選ばないもの

答　4通り

和算に挑戦②
大原の花売り

和算書『算法童子問』にある「大原の花売り」の問題を、①組み合わせの問題として解く方法、②和算の考え方を使って解く方法の2つで考えてみてください。

例題 ある日、京都大原の花売りから「桃、梅、椿」の花を買いました。ところが翌日、同じ花を買おうとすると、今日は「桃、梅、柳」だといいます。どうやら女は家に「桃、梅、椿、柳」の4種類を持っていて、その中から3種類を選んで売りにきているとのこと。どの花も均等になるように選び出していて、その順番もいつも同じだとすれば、次に「桃、梅、椿」の組を購入できるのは、最初に購入した日から何日後でしょうか。(『算法童子問』)

解き方

〈①組み合わせ〉4種類の花の中から3種類を選ぶ方法をすべて書き出すと4通り。したがって花の組み合わせは4日で一回りする。

答　4日後

〈②和算の考え方〉花は4種類あるので、家に置いてくる花の選び方は4通り。よって、花の組み合わせは4日で一回りする。

	桃	梅	椿	柳
1日目				×
2日目			×	
3日目		×		
4日目	×			

！ 4種類の中から3種類を選ぶ＝家に置いてくる1種類を選ぶ

答　4日後

組み合わせの問題として解く方法は「すべての組み合わせ」を考えるので選びモレの心配があります。しかし、和算の考え方では「家に置いてくる花が何通りあるか」を調べるだけでいいので簡単ですね。

例題 和算の考え方を使って次の問題を解きましょう。

(1)「にんじん、じゃがいも、たまねぎ、鶏肉、きのこ」の5種類の具材の中から4種類の具材を使ってカレーをつくります。具材の組み合わせは何通りありますか。

(2)「バラ、チューリップ、ユリ、ガーベラ、カスミソウ、スイートピー」の6種類の花の中から5種類の花を選んで花束をつくります。花の組み合わせは何通りありますか。

解き方

(1) 具材は5種類あるので、使わない具材の選び方は5通り。
よって、5種類の具材の中から4種類を選び出す方法も5通り。

答 5通り

	にんじん	じゃがいも	たまねぎ	鶏肉	きのこ
カレー1	●	●	●	●	×
カレー2	●	●	●	×	●
カレー3	●	●	×	●	●
カレー4	●	×	●	●	●
カレー5	×	●	●	●	●

(2) 花は6種類あるので、使わない花の選び方は6通り。
よって、6種類の花の中から5種類を選び出す方法も6通り。

答 6通り

	バラ	チューリップ	ユリ	ガーベラ	カスミソウ	スイートピー
花束1	●	●	●	●	●	×
花束2	●	●	●	●	×	●
花束3	●	●	●	×	●	●
花束4	●	●	×	●	●	●
花束5	●	×	●	●	●	●
花束6	×	●	●	●	●	●

【著者プロフィール】

桜井　進（さくらい　すすむ）

1968年、山形県生まれ。東京工業大学理学部数学科卒業、同大学大学院中退。サイエンス・ナビゲーター®。

東京理科大学大学院、日本大学藝術学部、日本映画大学非常勤講師。

株式会社 sakurAi Science Factory 代表取締役。在学中から、講師として教壇に立ち、大手予備校で数学や物理を楽しく分かりやすく生徒に伝える。2000年、日本で最初のサイエンス・ナビゲーターとして、数学の歴史や数学者の人間ドラマを通して、数学の驚きと感動を伝える講演活動をはじめる。小学生からお年寄りまで、誰でも楽しめて体験できるエキサイティング・ライブショーは見る人の世界観を変えると好評を博す。世界初の「数学エンターテイメント」は日本全国で反響を呼び、テレビ出演、新聞、雑誌などに掲載され話題になっている。

おもな著書に『面白くて眠れなくなる数学』『超 面白くて眠れなくなる数学』『面白くて眠れなくなる数学パズル』『面白くて眠れなくなる数学プレミアム』（以上、PHPエディターズ・グループ）、『感動する！数学』（PHP研究所）、『わくわく数の世界の大冒険』（日本図書センター）等がある。

【STAFF】

カバーデザイン：西垂水敦（tobufune）
本文デザイン・DTP：宇田川由美子
編集協力：神保幸恵

子どもの算数力は親の教え方が9割

2015年12月8日　第1版第1刷発行
2016年6月24日　第1版第2刷発行

著　者　桜井進
発行者　清水卓智
発行所　株式会社PHPエディターズ・グループ
〒135-0061　江東区豊洲5-6-52
☎03-6204-2931
http://www.peg.co.jp/
発売元　株式会社PHP研究所
東京本部　〒135-8137　江東区豊洲5-6-52
普及一部　☎03-3520-9630
京都本部　〒601-8411　京都市南区西九条北ノ内町11
PHP INTERFACE　http://www.php.co.jp/
印刷所
製本所　図書印刷株式会社

ISBN 978-4-569-82762-9